Die Wikinger und ihre Schiffe

Die Wikinger und ihre Schiffe

SUNHILD KLEINGÄRTNER

THEISS

Sonderheft 12/2017
Jahrgang 02/2017
der Zeitschrift »Archäologie in Deutschland«

Frontispiz: Segel des im Wikingerschiffsmuseum Roskilde gefertigten Schiffs »Skuldelev 2« (»Seehengst von Glendalough«) nach wikingerzeitlichem Vorbild um 1042 (Werner Karrasch, Vikingeskibsmuseet, Danmark).

Umschlagabbildung Titelseite: zwischen 2000 und 2004 im Wikingerschiffsmuseum Roskilde gefertigter moderner Nachbau des 30 m langen und 3,8 m breiten Wikingerschiffs »Skuldelev 2« aus der Mitte des 11. Jh. (um 1042) (Werner Karrasch, Vikingeskibsmuseet, Danmark).

Rückseite: links: moderne Nachbauten wikingerzeitlicher Schiffe für unterschiedliche Einsatzzwecke, gefertigt und betrieben vom Wikingerschiffsmuseum im dänischen Roskilde (Werner Karrasch, Vikingeskibsmuseet, Danmark); Mitte: aus Holz geschnitzter drachenkopfförmiger Steven aus dem Schiffsgrab von Oseberg, Norwegen, 9. Jh. (akg-images/Fototeca Gilardi); rechts: Comicfigur Wickie mit Hörnerhelm aus dem Film »Wickie auf großer Fahrt« von 2011 (akg-images/Album/Rat Pack Filmproduktion GmbH/Constantin Film Produktion).

Die Deutsche Nationalbibliothek verzeichnet diese Publikation in der Deutschen Nationalbibliografie; detaillierte bibliografische Daten sind im Internet über http://dnb.d-nb.de abrufbar.

Der Konrad Theiss Verlag ist ein Imprint der WBG.

Die Herausgabe des Werkes wurde durch die Vereinsmitglieder der WBG ermöglicht.
Gestaltung und Produktion: Verlagsbüro Wais & Partner, Stuttgart
Bildredaktion: Annine Fuchs M.A., Darmstadt
Gedruckt auf säurefreiem und alterungsbeständigem Papier
Printed in Germany

Besuchen Sie uns im Internet: www.wbg-wissenverbindet.de

ISBN 978-3-8062-3544-9
ISSN 0176-8522

Inhalt

Einleitung

Schiffe sind mehr als nur Transportmittel. Sie sind Ausdruck ökonomischer und machtpolitischer Interessen. Dabei dienen sie gleichermaßen auch der Repräsentation und besitzen identitätsstiftenden Charakter. Insbesondere in der Wikingerzeit spielt das Schiff eine die Gesellschaft prägende und weiterentwickelnde Rolle. Das Schiff ist Grundlage für weitreichende Verbindungen bis zum Mittelmeer und über den Atlantik hinweg. Eindrucksvolle Überreste zeugen vom maritimen Wesen der wikingerzeitlichen Gesellschaft.

Heute – mehr als 950 Jahre nach dem Ende der Wikingerzeit – sind wikingerzeitliche Schiffe in unserer Gesellschaft wieder präsent. Wie und in welchen Kontexten nehmen wir diese wahr?

Das Bild des »Wikingerschiffs« begegnet uns auf Getränkeetiketten, als Firmenlogo oder Spielfiguren. Damit verbunden ist eine besondere, durch unser Bild von der Vergangenheit geprägte Wertzuschreibung der Produkte. Unabhängig davon versuchen wir, uns der historischen Realität durch maßstäblich nachgebaute Schiffsrepliken zu nähern und mithilfe von Reenactment die vermeintliche Wirklichkeit nachzuleben. Grundlage dafür sind archäologische Quellen, die uns zum Staunen bringen und zum Erforschen anregen.

Die »Wikinger« kommen für uns heute bildgewaltig daher. »Wikinger« erweisen sich für den Tourismus als zugkräftig, und die experimentelle archäologische Forschung verhält sich trotz aller Sicherheitsvorkehrungen mit Blick auf praktische Experimente versuchsbereit, um neue Erkenntnisse zu gewinnen. Mit diesen Bildern sowie in Spiel und Experiment gewonnenen Eindrücken und Erfahrungen, das heißt mit der modernen Wahrnehmung und Wirkung wikingerzeitlicher Schiffe, beschäftigt sich der Inhalt dieses Sonderhefts.

Doch entspricht die heutige Wirkung wikingerzeitlicher Schiffe tatsächlich den Erkenntnissen, die wir durch die Auswertung geschichtlicher und archäologischer Quellen gewinnen? Ist nicht allein durch die Art des Zugangs unterschiedliches Erkenntnispotenzial und eine jeweils andere Facette von Wirklichkeit gegeben? Und sind dennoch nicht gerade die durch verschiedene Zugänge immer wieder neu entstehenden Geschichtsbilder jene, die uns helfen, uns in der Geschichte selbst zu verorten?

Das Sonderheft kondensiert das uns aktuell zur Verfügung stehende Wissen über die Schiffe der Wikingerzeit auf Grundlage der archäologischen Nachweise. Daraus lassen sich heute die damaligen Funktionen der »blitzschnellen« wikingerzeitlichen Schiffe mit ihren unterschiedlichen Reichweiten ableiten. Insbesondere die Bestattungen verweisen dabei auf die vielschichtige gesellschaftliche Bedeutung von Schiffen – sowohl ideell als auch ökonomisch. Der vorliegende Band zeigt prozesshaft auf, was wir aufgrund welcher Basis über die Schiffe der Wikingerzeit wissen, uns erschließen und rekonstruieren können.

Beachtliche Sonderausstellungen und eigens eingerichtete Museen machen die Bedeutung von Schiffen in der Wikingerzeit für Besucher erlebbar. Sie sind gleichzeitig Ausdruck dafür, welcher kulturelle und nicht zuletzt identitätsstiftende Wert diesen archäologischen Zeugnissen durch die moderne Gesellschaft zugeschrieben wird. Dabei lässt sich ablesen, wie die Wikingerschiffsmuseen den allgemeinen Wandel gestalten, der in einem sich verändernden Verhältnis von Besuchern zum Museum seit rund 150 Jahren deutlich wird. So widmet sich das Sonderheft insbesondere auch drei in ihren Gründungszeiten, Konzeptionen, Zielen und nicht zuletzt Wirkungen ganz unterschiedlichen Museen in Norwegen, Deutschland und Dänemark.

Dieses Sonderheft beschreibt die Wahrnehmung, das Wissen und die Wirkung von »Wikingerschiffen«, wie sie durch wissenschaftliche Forschung, öffentlichkeitsorientierte Ausstellungen, Reenactment und nicht zuletzt auch monetär getriebene Kräfte von Tourismus und Unterhaltungsindustrie geprägt werden und wie diese im Zuge der geschichtlichen und gesellschaftlichen Reflexion Veränderungen erfuhren und weiterhin erfahren.

Lassen Sie sich auf eine gedankliche Reise zu den Schiffen der Wikinger ein. Sie streifen dabei die Ihnen bekannten Werbeträger und lernen die archäologischen Überreste von Schiffen des 8. bis 11. Jh. kennen. Dabei geht es vor allem auch darum, zu erfahren, wie wir als heutige Gesellschaft wissenschaftliche Erkenntnisse in ihrer öffentlichen Wahrnehmung und Wirkung reflektieren. Der Umgang mit unserer Vergangenheit lässt immer auch Rückschlüsse auf unsere Haltung in der Gegenwart zu. Möge dieses Sonderheft auf unterhaltsame Weise seinen Beitrag zu einem reflektierten und reflektierenden Umgang mit unserer Vergangenheit leisten.

Sunhild Kleingärtner

Der norwegische Geirangerfjord gehört seit 2005 zu den Welterbestätten der UNESCO. Überlandwege sind hier weniger leicht nutzbar. Der Gebrauch von Schiffen bietet sich für längere Routen an.

Die Wahrnehmung von »Wikingerschiffen«

Heute prägen vor allem Kino- und Fernsehfilme Bewusstsein und Wahrnehmung der Öffentlichkeit. Dies gilt auch mit Blick auf das Bild der »Wikinger«. Der Hörnerhelm dient in vielen Fällen als Chiffre zur Kennzeichnung der abenteuerlustigen wilden »Kerle«, die ihn auf dem Kopf trugen.

In seiner Bildgewalt wird der Hörnerhelm erstmals in dem von Richard Wagner aufgeführten »Ring der Nibelungen« inszeniert. Zu dieser Zeit entwickelt er sich zum Markenzeichen für den Mythos Wikinger. Doch im Gegensatz zu der im späten 19. Jh. romantisch verklärten und in den 1930/40er Jahren heldisch überhöhten und rassistisch instrumentalisierten Darstellung von Wikingern steht in der Nachkriegszeit – durch den hochkarätig besetzten US-amerikanischen Film »The Vikings« – das Abenteuer im Vordergrund. Mit dem Aufkommen von Comic-Figuren ist es zusätzlich auch die Abbildung des »barbarischen Anti-Helden«. Letztgenanntes Bild macht die Wikinger durch ihre unbeschwer-

Hörnerhelme sind im Zusammenhang mit Wikingern zwar ahistorisch, verstehen es aber, Aufmerksamkeit zu erregen. So auch im Rahmen der 75. Geburtstagsfeier des englischen Borough of Ramsgate. Hier soll auf die historischen Verbindungen zwischen dem angelsächsischen Kent und Dänemark verwiesen werden.

Wikinger faszinierten Erwachsene und Kinder gleichermaßen. Durch Spielzeug wird die Idee Hörnerhelme tragender Menschen fantasievoll transportiert. Hörnerhelm in Kombination mit Bart lassen den »Wikinger« gleich viel »wilder« aussehen.

Wie eindrucksvoll muss im 19. Jh. die Inszenierung der Hörnerhelme tragenden Nibelungen wirken. Historisierend, romantisch verklärt und ausdrucksstark treten uns die Akteure vom »Ring der Nibelungen« entgegen. Archäologische Helmfunde der Wikingerzeit hingegen zeigen schnörkellose Funktionalität.

te und barbarische Art sympathisch. So kämpft seit 1974 die Zeichentrick-Figur »Wickie« als kluges Kind gegen tumbe Wikinger. Der Comic-Held »Hägar der Schreckliche« steht zwar im Kampf seinen Mann, aber zu Hause unter dem Pantoffel seiner Frau. Und auch im Kinofilm »Drachenzähmen leicht gemacht« von Dean DeBlois spielt der Hörnerhelm seine Rolle.

Wie sich die Wikinger selbst charakterisiert hätten, bleibt unklar. Die wenigen zeitgenössischen Quellen stammen aus der Feder Fremder. Diese berichten aus zumeist politischen Gründen und somit – perspektivisch bedingt – zweckgebunden und ausschnitthaft. Aus Skandinavien selbst sind historische Schriften erst aus der Nachwikingerzeit überliefert. Sie berichten über die »heidnische« Vergangenheit aus einer christlich gefärbten Perspektive.

In beiden Fällen werden Ereignisse und Sachverhalte festgehalten, die Wikinger vornehmlich als »barbarisch« und expansionsorientiert darstellen. Um diese Bedeutungsperspektive der schriftlichen Überlieferung wissend, erklärt sich auch, dass die Aufsehen erregenden Aktionen der Wikinger nur einen Ausschnitt der damaligen Lebenswirklichkeit darstellen. Vor dem Hintergrund, dass nur das berichtet wird, was als der religiös und/oder politisch gefärbten Berichterstattung dienlich bewertet wird, ist offensichtlich, warum der alltagsgestaltende Part des wikingerzeitlichen Lebens keinen historischen Niederschlag findet.

Wickie ist das kluge Kind eines Wikingers, das immer eine Lösung parat hat. Der Gegensatz von typischem Wikinger und cleverem Kind konturiert das Klischee eindrucksvoll. Wickies Geschichte ist als Kinderbuchreihe, als Zeichentrick- und 3-D-Animationsserie sowie als Kinofilm überliefert.

Neuer Zeitgeist – neues Geschichtsbild

Ein Charakteristikum des Menschen ist es, sich mit seiner Herkunft und Vergangenheit auseinanderzusetzen. Dies erfolgt anfangs über mündliche Tradierungen, dann über einen literarisch-philosophischen Ansatz. Erst zur Zeit des Historismus kommt es im 19. Jh. zur Ausbildung einer wissenschaftlichen, das heißt methodisch abgesicherten Erforschung der

Der US-Animationsfilm »Drachenzähmen leichtgemacht« bietet nicht nur Hörnerhelme, sondern auch Drachen als Fantasieprodukte. Der 2010 erstmals gezeigte Film basiert auf dem von Cressida Cowell 2003 verfassten Kinderbuch gleichen Namens und hatte eine ganze Reihe von Kurzfilmen zur Folge. Während die technische Animation immer größere Realitätsnähe schafft, ist der Inhalt Geschichte und Gegenwart gleichermaßen entrückt.

menschlichen Vergangenheit anhand kritisch geprüfter und unter einer spezifischen Fragestellung analysierter Quellen.

Die Geschichtsschreibung des 19. Jh. entwirft ein romantisches Geschichtsbild der Wikinger, das durch die beeindruckenden Zufallsfunde der norwegischen Grabschiffe vermeintlich bestätigt wird. Die wissenschaftsgeschichtlich bedeutsamen Funde im Roskilde-Fjord, die in den 1960er Jahren parallel zur Entwicklung schiffsarchäologischer Untersuchungsmethoden geborgen werden, zeichnen ein anderes, und zwar ein ökonomisch geprägtes Bild. Die Schiffe sind hier nicht als Begräbnisstätten verwendet, sondern als Installationen unter Wasser, die helfen, den Handel zu kontrollieren. Heute lassen die digitalen Möglichkeiten eine neue Generation von Forschern innovative Fragen an die über rund 1000 Jahre alten Objekte stellen und auf methodisch neuen Wegen beantworten.

Mythenbildung in Diskrepanz zur Geschichte

Die unterschiedlichen Bilder werden der Öffentlichkeit u. a. auch über Ausstellungen vermittelt – dauerhaft in thematisch auf die Wikinger zugeschnittenen Museen oder temporär an verschiedenen Orten.

Ungeachtet dieses in den Präsentationen gezeigten archäologisch fundierten Bilds hat sich ein bestimmtes Narrativ der Wikinger bis heute medial überliefert. Dieses greift die historische Wahrnehmung derjenigen auf, welche die Wikingerzeit durch den gefilterten Blick der kontinental und christlich geprägten Geschichtsschreibung interpretieren. Damit wird die Überlieferung perspektivisch gefärbt und historisch verzerrt gezeichnet, was vom archäologisch erschlossenen und dabei »sachlich« interpretierten Bild abweicht. Es ist zu vermuten, dass Letztgenanntes doch zu viel von einem Mythos nähme, der für jegliche Gesellschaft identitätsbildend ist.

Der englische Historiker Simon Coupland hat sich auf Grundlage der historischen Quellen mit der Frage der im Mittelalter entstandenen Stereotype von grausamen und brutalen Wikingern übermenschlicher Größe beschäftigt. So kommt auch er zu dem Schluss, dass diese Stereotypen im Zusammenhang mit der Geschichtsüberlieferung entstehen und dass diese – in Diskrepanz zur Geschichte – zur Mythenbildung führen.

Schiffe als Synonym von Mobilität und Vernetzung

Die in Kooperation zwischen dem Nationalmuseet København, dem British Museum of London und den Staatlichen Museen Preußischer Kulturbesitz zu Berlin 2013 und 2014 gezeigte Ausstellung »Die Wikinger« wählt als Ausgangspunkt ihres Narrativs das größte archäologisch für die Wikingerzeit nachgewiesene Kriegsschiff (Roskilde 6). Auf den ersten Blick lässt dies eine Tradierung besagten mythenbehafteten Bildausschnitts auf die Wikingerzeit vermuten. Stattdessen aber fungiert das Schiff im Rahmen dieser Ausstellung als Synonym einer auf Mobilität und Vernetzung basierenden Gesellschaft, deren Lebensweise und Identität in hohem Maße durch den Einsatz von Schiffen geprägt sind.

Der Kino-Film »Wickie auf großer Fahrt« hat 2011 Premiere. In diesem Jahr werden mehr als 1,7 Mio. Zuschauer verzeichnet. Es ist die zweite Verfilmung eines Kinderbuches des Schweden Runer Jonsson. Wickie setzt seine Reise in einer dem neuesten Stand der Technik angepassten Weise fort: in Real-3-D.

Seit 2013 wird die beliebte Fernsehserie »Vikings« in mittlerweile mehreren Staffeln ausgestrahlt. Hierbei mischen sich historische und fiktionale Elemente. Es handelt sich um eine englischsprachige kanadisch-irische Produktion mit entsprechend hohen Einschaltquoten.

Aus der dänischen Stadt Roskilde stammen die Überreste des größten für die Wikingerzeit nachgewiesenen Kriegsschiffs. Mit 30 m Länge kann es eine eindrucksvoll große und vermutlich schlagkräftige Mannschaft transportieren. Dieses Schiff steht sinnbildlich für eine auf Mobilität und Vernetzung basierende Gesellschaft.

Karte rechts: Der Einsatz von gesegelten und geruderten Schiffen bedeutet eine neue Qualität an Mobilität. Dies hat die Erschließung von Wasserwegen zur Folge – entlang von Küsten und über Flussläufe. Das maritime und limnische Verkehrsnetz reicht in der Wikingerzeit vom Nordatlantik bis ans Schwarze Meer.

Siedlungsgebiete

Schiffsrouten

Aus der Wikingerzeit ist eine Vielzahl an Graffiti überliefert, das heißt abstrakte Einritzungen von Schiffsdarstellungen. Viele von ihnen sind nicht erhalten, da sie auf organischem Material, wie beispielsweise Holz oder Knochen, eingeritzt sind. Die Graffitis zeigen, was den Menschen damals wichtig abzubilden war: u. a. Schiffe mit Drachenköpfen.

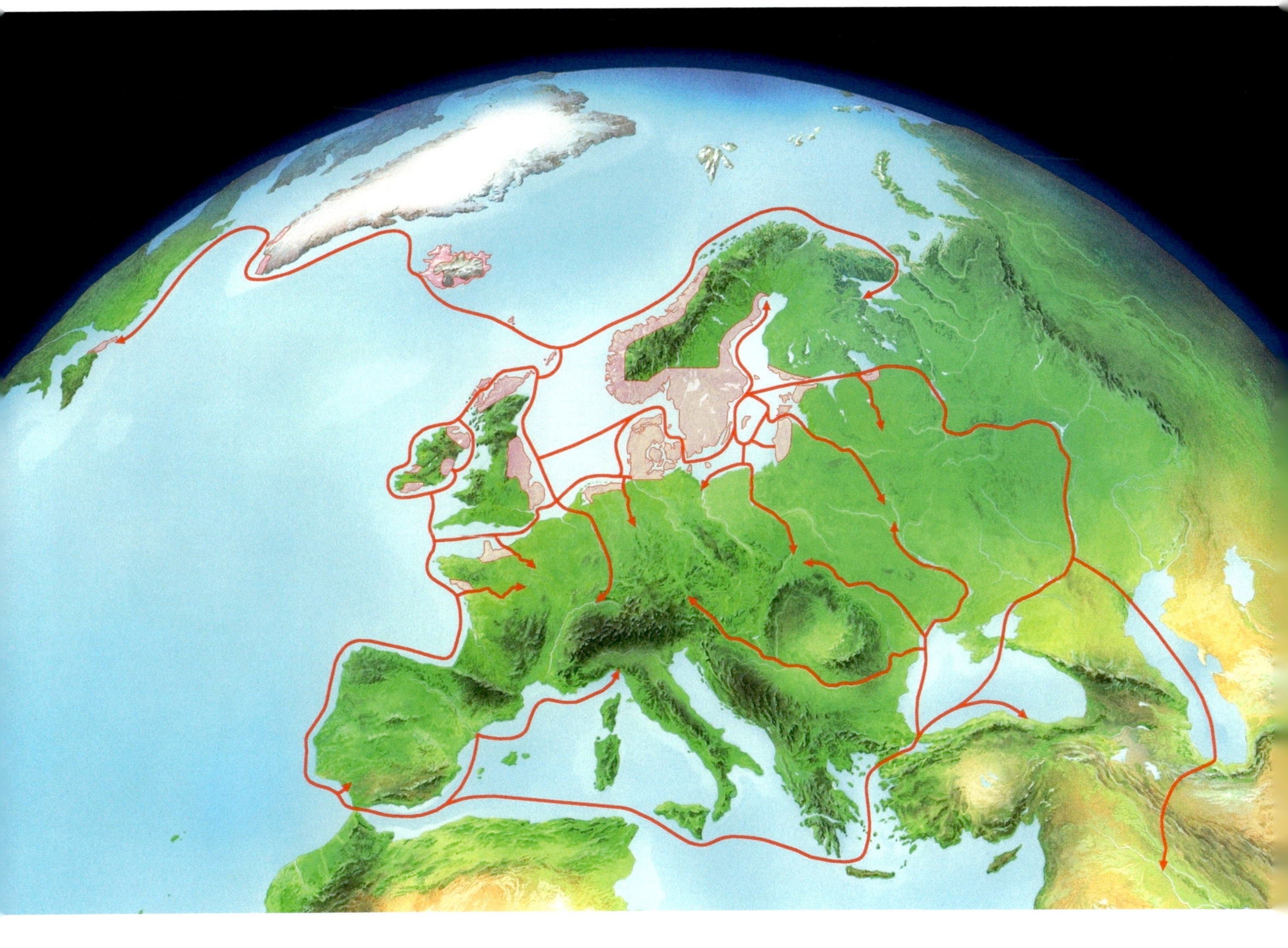

Mit ihren Schiffen haben es die Wikinger geschafft, die damalige Weltordnung in Unruhe zu versetzen, Grenzen zu erproben und ggf. auch zu überschreiten sowie Netzwerke zu knüpfen und zu nutzen. Nicht zuletzt sind es auch die Schiffe, die dazu führen, dass sich die wikingerzeitliche Welt kleiner angefühlt haben muss als noch einige Jahrhunderte zuvor.

Aus der Vielfalt und Vielzahl der archäologischen Belege und Fundkontexte leitet die wissenschaftliche Interpretation die große Bedeutung des Schiffs für die wikingerzeitliche Gesellschaft ab: Das Schiff findet sich als zu Lebzeiten real eingesetztes Transportmittel, welches die Form der Häuser beeinflusst. Es findet sich als rituell genutzte Begräbnisstätte, als Teil von Schifffahrtshindernissen in Form von Seesperren und auf Holzgegenständen als abstrakte Einritzungen (Graffitis). Nicht zuletzt zeugen Münzprägungen mit Schiffsmotiven vom besonderen Wert und der Bedeutung dieser Fahrzeuge für die damalige Gesellschaft.

So geht die Wissenschaft inzwischen davon aus, dass Schiffe in der Wikingerzeit wirtschaftliche, militärische und repräsentative Zwecke erfüllen. Sie dienen als Medien des Wissens- und Ideentransfers – aus dem heutigen Kanada, Irak, Island und Marokko, Russland und der Türkei. Von diesem Kulturtransfer zeugt aus Byzanz stammender Gürtelschmuck, der in Mittelschweden entdeckt wurde. Hier wird er offenbar nicht in der ursprünglichen Weise und von Männern, sondern nach Ausweis der Grabfunde als Halsketten und von Frauen getragen. Ebenso erhalten Metalleinlagen von Reliquienkästchen, die während des 9. Jh. zahlreich im insularen Raum vorkommen, in norwegischen Frauengräbern eine neue Funktion: Hier werden sie anscheinend ebenfalls an Ketten um den Hals der mittlerweile Bestatteten gehängt.

Von zentraler Bedeutung für die Gesellschaft

So scheint das Schiff wichtig für neue Impulse zu sein, die in ihrer Wirkung mitbestimmend für die Entwicklung der Gesellschaft sind. Diese ist mit Beginn der Wikingerzeit im späten 8. Jh. zunächst bäuerlich strukturiert. Mit dem Einsatz von Schiffen wird ein schließlich florierendes Handelsnetz entlang der nordeuropäischen Küsten etabliert, an dessen Knotenpunkten im Laufe der Wikingerzeit immer komplexere und schließlich stadtähnliche Hafenorte entstehen. Diese Siedlungen liegen im Schutz von Inseln,

Der im Wikingermuseum Roskilde gefertigte Nachbau eines wikingerzeitlichen Schiffs zeigt gestreifte Segel, die häufig farbig oder mit Applikationen verziert sind. Das Muster der Segel macht die Schiffe gleichzeitig auch einzigartig und unverwechselbar. Der Herstellungswert von Segeln ist so immens, dass sie sicherlich auch mit Stolz gehisst werden.

Der Landschaftsmaler Friedrich Jung-Ilsenheim (1883–1963) fertigt Anfang des 20. Jh. ein Gemälde mit dem Titel »Ausfahrt der Wikinger mit dem Osebergschiff«. Er malt das, was ihm der deutsche, insbesondere während der NS-Zeit umstrittene Archäologe Prof. Hans Reinerth (1900–1990) als »gesichertes Wissen« seiner Zeit vorstellt. Dargestellt ist das nur wenige Jahre zuvor gefundene Oseberg-Schiff mit gestreiften Segeln.

Bildgewaltig: Bildträger und Werbung

Zahlreiche Visualisierungen von wikingerzeitlichen Schiffen zeigen, dass der Fantasie keine Grenzen gesetzt sind. Die mittlerweile tradierte ahistorische Bildsprache lässt vermuten, dass es auch künftig zu kreativen Umsetzungen kommen wird. Unabhängig davon kann inzwischen ein aus wissenschaftlicher Sicht relativ genaues Bild gezeichnet werden. Grundlage dafür sind archäologische Funde, wie sie in der zweiten Hälfte des 19. Jh. erstmals entdeckt und dann vor allem zwischen 1960 und 2000 in Nordeuropa ausgegraben werden.

Was macht eigentlich ein Schiff der Wikingerzeit aus?

Woran erkennen sowohl Forscher als auch Laien dieses auf einen Blick? Drachenkopfverzierte Steven und gestreifte Segel werden schlechthin mit Schiffen der Wikinger in Verbindung gebracht. Für Stevenköpfe gibt es archäologische Nachweise, wenn auch wenige. Schließlich ist es glücklichen Erhaltungs- und Auffindungsumständen geschuldet, dass diese aus Holz gefertigten und vom eigentlichen Schiff abtrennbaren Teile überhaupt überliefert sind.

Das im norwegischen Oseberg gefundene Schiff weist wunderbar geschnitzte Verzierungen auf. Tier und Ornament sind miteinander verwoben, sodass nicht zu entscheiden ist, ob es sich um zoomorphe oder um ornamental verschlungene Ranken handelt. Entscheidend ist möglicherweise nicht das Dargestellte, sondern die damit verbundene Wirkung.

Fjorden sowie Boddengewässern und besitzen direkten Zugang zum Meer. Sie weisen seichte Anlandestellen auf, wo die flachen Schiffe rasch und unkompliziert hinaufgesegelt werden können.

Über ihren pragmatischen Gebrauch als Verkehrsmittel und Mobilitätsträger hinaus scheinen die Schiffe schon in der wikingerzeitlichen Gesellschaft eine ganz wesentliche Rolle im allgemeinen Selbstverständnis zu spielen. Darauf lassen Bestattungen hochstehender Persönlichkeiten schließen, die ihre letzte Reise in brennenden Schiffen auf dem Wasser antreten. Zahlreiche schiffsförmige Steinsetzungen werden insbesondere in Gewässernähe angelegt und so die Schiffe in ihrer Funktion und Bildhaftigkeit im Ritus eingesetzt. Sie sind eingebunden in die damalige kosmische Ordnung, die ihren lebendigen und phantasievollen Ausdruck in den vielgestaltigen Tierstilverzierungen findet. Insbesondere das Schiff aus Oseberg zeugt davon.

Mit der Wikingerzeit werden gemeinhin positive Assoziationen verknüpft. Daher ist es nicht verwunderlich, dass »Wikingerschiffe« in der heutigen Werbe- und Marketingwelt präsent sind und auch in Kinofilmen eine bedeutende Rolle spielen. So werden die in Anlehnung an archäologische Funde und die historische Überlieferung gestreift dargestellten Segel und die an der vorderen Partie des Schiffs, dem so genannten Vordersteven, befestigten feingeschnitzten Drachenköpfe ihrerseits zum Erkennungszeichen der Wikinger.

Die auf der schwedischen Insel Gotland überlieferten Bildsteine weisen szenische Darstellungen auf. Eindrucksvoll sind die Schiffe mit ihren vergleichsweise großen Segeln, die aus mehreren quadratischen oder länglichen Wollstreifen zusammengefügt sind. Infolge dessen kommt ihr gemusterter Eindruck zustande.

Hingegen basiert die Vorstellung von Segeln nur auf indirekten Rückschlüssen. Es gibt keine archäologischen Nachweise vollständig erhaltener wikingerzeitlicher Segel in Nordeuropa. Stattdessen behilft man sich beispielsweise über die Werkzeuge zur Fertigung von Wollstoffen in Kombination mit bildlichen Darstellungen. Folgt man den Beschreibungen der schriftlichen Überlieferung, so sind wohl nicht nur die Schiffe, sondern auch die Segel farbig unterschiedlich gestaltet.

Um ein Segel der notwendigen Größe herzustellen, müssen mehrere Stoffstücke aneinandergenäht werden. Diese werden aus Wolle in beliebig großer Länge gewebt. Ihre Breite hingegen ist durch die Größe des Webstuhls limitiert. Mehrere längliche Stoffstreifen werden anschließend zu einem Segel zusammengenäht, woraus sich der gestreifte Eindruck, wie etwa auf dem Teppich von Bayeux, ergibt. Auf Bildsteinen sind auch schachbrettförmig gemusterte Segel dargestellt, bestehend aus einer Vielzahl an gewebten und aneinandergenähten Quadraten.

Doch auch die schlanke Rumpfform der Schiffe und die mit Schilden besetzte Außenreling sind in späteren Rezeptionsdarstellungen immer wieder aufgegriffene, unsere Vorstellungen vom Wikingerschiff prägende Elemente. Ihre Richtigkeit wird durch Funde bezeugt. Die archäologischen Nachweise belegen zudem, dass die wikingerzeitlichen Wasserfahrzeuge ein vom Bug vorn bis zum Heck achtern durchgehendes »Rückgrat«, den so genannten Kiel besitzen. Über den Mast werden die Kräfte des Segels auf den Kiel übertragen. Daher ist die Stabilität dieses Bauteils von besonderer Bedeutung. Die horizontalen Planken sind nicht auf Stoß, sondern dachziegelartig überlappend angebracht, das heißt in Klinkerbauweise ausgeführt.

Das Ölgemälde »Wikinger auf hoher See« zeigt, wie sich der deutsche Landschafts- und Marinemaler Claus Friedrich Bergen (1885–1964) wikingerzeitliche Schiffe vorstellt: sturmerprobt, durch hohe Wellen brechend und mit rot-weiß gestreiften Segeln. Bergen wurde 1944 durch Adolf Hitler in die Gottbegnadetenliste der wichtigsten Kunstmaler aufgenommen.

Das Rudern ermöglicht es, ein Boot oder Schiff unabhängig vom Einsatz eines Segels oder eines maschinellen Antriebs zu bewegen. Die Ruderer müssen sehr gut aufeinander abgestimmt agieren. Andernfalls ist ein rasches Vorankommen nicht gewährleistet.

Vom Eindruck des Authentischen

Die Originalfunde und ihre Nachbauten zeigen Schiffe der Wikinger als schnelle und wendige Fahrzeuge, deren Bauweise es erlaubt, sich dynamisch dem bei stürmischem Wetter raschen Wechsel von Wellenkämmen und Wellentälern anzupassen. Dies findet seinen Ausdruck in der Darstellungsart auf den uns bekannten Gemälden. Um Schnelligkeit und stürmisches Wetter zum Ausdruck zu bringen, werden die Schiffe mit ihren mächtigen drachenkopfgeschmückten Vordersteven diagonal ins Bild ragend oder durch die Wellen pflügend gemalt.

Beim Betrachten der schlanken drachenkopfverzierten Schiffe mit den gestreiften Segeln bekommt man den Eindruck des Authentischen. Es scheint dabei keinen Spielraum, keine Alternative zu geben. Was aber ist authentisch, wenn die Bilder rekonstruiert sind und kein einziges Schiff vollständig im Original erhalten ist?

Unsere Bewertung, ob etwas authentisch ist, geht in hohem Maße mit der Frage einher, ob sich Vorstellung und Wahrnehmung von dem, was als authentisch zu bewerten ist, decken. Es ist somit die bewertende Zuschreibung, die zum Gegenstand passen muss. Auf diesem Grundprinzip basiert auch die Bewertung von Marken. Das Wikingerschiff ist in seiner Wahrnehmung offensichtlich positiv konnotiert, weshalb es in verschiedenen Zusammenhängen in der Werbung eingesetzt wird. Folgt man der Leiterin des Wikinger Museums Haithabu Ute Drews, wird das »Wikingerschiff« mit »Mobilität, Entdeckergeist, Abenteuerlust und Fernweh, Mut, Stärke und Überlegenheit« assoziiert. Fernab von zu vermutenden Motivationen – wie Entdeckergeist, Abenteuerlust und Fernweh – und vorausgesetzten Charakteristika – wie Mut, Stärke, Überlegenheit – ist es vor allem die Mobilität, die in der Wikingerzeit einer grundlegenden Veränderung unterliegt.

Mit Muskel- und Windkraft voran

Schiffe gibt es im heutigen Skandinavien, seit der Mensch das Meer nutzt. Sie werden zunächst durch Muskelkraft, das heißt durch Rudern, später durch Windkraft und somit durch Segel fortbewegt. Mit Einführung des Segels ist es bei gutem Wind – im Vergleich zu einem ausschließlich geruderten Wasserfahrzeug – möglich, größere Distanzen in kürzerer Zeit zurückzulegen. Erreicht man mit einem geruderten Boot durchschnittlich 3 bis 4 Knoten pro Stunde (5–7 km/h), ist mit einem gesegelten Schiff eine durchschnittliche Geschwindigkeit von 3 bis 5 Knoten (5,5–7 km/h) und eine Spitzengeschwindigkeit von 8 bis 12 Knoten (15–22 km/h) möglich.

Mit der Einführung des Segels verändert sich auch die Form der Schiffe. Die gesegelten Schiffe sind breiter und im Verhältnis zu ihrer Länge höher und haben hohe Steven. Weiterhin finden sich nun Bullaugen statt wie zuvor auf dem oberen Rand des Schiffs – dem Dollbord – befestigte Dollen zur Aufnahme der Ruder. Jedoch werden die Ruder trotz Segel keineswegs überflüssig. Man benötigt sie weiterhin, beispielsweise, um bei Windstille voranzukommen oder auf kleinem Raum wenden zu können, was insbesondere für Kriegsschiffe entscheidend ist.

Wann das Segel in Skandinavien erstmals zum Einsatz kommt, ist unklar. Spätestens im 8. Jh. wird es zumindest im Ostseeraum regelmäßig verwendet. Gotländische Bildsteine, die zwischen dem 5. und 11. Jh. errichtet werden und einen wichtigen Teil der Erinnerungskultur darstellen, zeigen Segelschiffe als Transportmittel in Verbindung mit Jenseitsvorstellungen. Das älteste erhaltene Segelschiff in Skandinavien stammt aus dem Grabhügel von Oseberg westlich des Oslofjords. Nach Ausweis der Hölzer datiert es ins frühe 9. Jh.

Neuerungen im Schiffbau verändern die Gesellschaft

Segel erhöhen nicht nur die Geschwindigkeiten, sondern auch die Reichweiten. Da Windkraft nun die Muskelanstrengung ersetzt, bedarf es weniger Ruderer, wodurch im Schiffsinneren mehr Platz für mitzuführende Waren bleibt. Im 8. Jh. entstehen zahlreiche küstennah angelegte Handelssiedlungen im Nord- und Ostseeraum, die Ausdruck eines sich zeitgleich mit der Einführung des Segels entwickelnden Siedlungstyps sind. Sie sind in ihr jeweiliges Hinterland eingebettet, vor allem aber auch über die küstennahen Wasserwege untereinander verbunden.

Eine dieser frühen Siedlungen liegt beim heutigen Groß Strömkendorf nahe der Ostseeinsel Poel. Dort müssen einst mehrere schachbrettartig dicht beieinanderstehende, leicht in den Boden eingetiefte Häuser mit quadratischer Grundfläche existiert haben. Nach Ausweis der darin entdeckten Hinterlassenschaften werden sie als Werkstattbauten zur Fertigung von Glasperlen, Kämmen und Textilien genutzt. Dass Menschen aus diesen und vergleichbaren Siedlungen sehr intensive Kontakte nach Norden pflegen, wird an der Bauweise der Häuser, den handwerklichen Überresten und nicht zuletzt am Beispiel zweier auf dem benachbarten Gräberfeld geborgenen Schiffe deutlich. So glaubt man, Anhaltspunkte für die Lokalisierung eines Orts zu haben, der nicht in

Die in der Wikingerzeit politisch, ökonomisch und religionsbezogen wichtigen Orte liegen küstennah und sind mit Wasserfahrzeugen gut erreichbar. Sicherlich hat es an der Küste weitere Siedlungen gegeben. Hier sind die wichtigsten im Text erwähnten Orte kartiert.

In dem frühmittelalterlichen Seehandelsplatz von Groß Strömkendorf werden Boote als Bestattungsbehältnisse genutzt. Davon zeugen heute noch im Boden erhaltene Nieten, die einst die aus Holz gefertigten Schiffsteile aneinander hielten. Sie scheinen in skandinavischer Tradition gebaut zu sein.

So sieht das Grabungsgelände von Haithabu aus der Luft aus. Die Häuser sind im Bereich der ehemaligen Ausgrabungsflächen errichtet. Sie geben heute einen originalmaßstäblichen Eindruck vom Leben der Wikinger.

seiner Lage beschrieben, wohl aber in der historischen Überlieferung namentlich benannt ist. Die Fränkischen Reichsannalen – jährliche von politischen Interessen getriebene Berichte des karolingischen Hofs – nennen für das Jahr 808 den dänischen Ort »Reric«. Aus heutiger Sicht wird Reric eine wirtschaftspolitische Dimension zugesprochen, da die Anwesenheit von Kaufleuten offenbar von königlichen Entscheidungen abhängt.

Es ist davon auszugehen, dass diese Art von küstennahen Seehandelsplätzen von ganz unterschiedlichen Wasserfahrzeugen angesteuert wird. Sicherlich legen hier lokale Fischerboote an, aber auch weitgereiste Handelsschiffe oder Fahrzeuge zum Transport für Diplomaten, Gesandte und Könige.

Aufgrund ihres wirtschaftlichen Werts innerhalb des politischen Gefüges darf die Bedeutung dieser Seehandelsplätze nicht unterschätzt werden. Die Steuerung des örtlichen Wohlergehens durch Machthabende zeigt sich im Falle Rerics beispielsweise daran, dass mit dem Abzug der Kaufleute aus Reric auf königlichen Befehl hin und deren Ansiedlung in einem Ort namens Haithabu (nahe der heutigen Stadt Schleswig) die Siedlung Reric bis zur baldigen Aufgabe nachhaltig geschwächt wird. Haithabu hingegen entwickelt sich prächtig bis zu seiner Blütezeit im 10. Jh.

Münzbilder werden in größerer Anzahl reproduziert und zirkulieren weit. Sie transportieren gezielt ausgewählte Bilder und Botschaften und werden somit auch zu ideellen Wertanzeigern einer Gesellschaft. In der Wikingerzeit ist das Schiff in Nordeuropa erstmals auf Münzen geprägt.

Schiffe für die Herrschenden

Die Seehandelsplätze stehen unter dem Schutz des Königs oder wenigstens unter seinem Einfluss, sodass auch die Schiffe – als Mobilitätsträger und Verbindungsmedien zwischen den einzelnen Orten – von großem Interesse für die Machthaber sind. Immerhin schmücken sich wikingerzeitliche Herrschende mit dem Motiv des Schiffs – wie unten im Zusammenhang mit Bestattungen zu sehen sein wird – und veranlassen, dass entsprechende Münzbilder geprägt und in Umlauf gebracht werden.

Die frühesten bekannten Münzen mit Schiffsdarstellungen aus Skandinavien stammen aus den 820er Jahren und wurden in Haithabu an der Grenze von Dänen und Sachsen gefunden. Diese frühen Münzen

Diese Seite des im norddänischen Jelling aufgestellten Steines zeigt die einmalige Kombination von skandinavischen und kontinentalen Elementen. Der Aufbau des Bildes gleicht dem von Manuskriptseiten eines christlichen Buches. Anstelle von lateinischen Buchstaben sind skandinavische Runenzeichen als Schrift gewählt.

sind bemerkenswerterweise Imitationen solcher Münzen, die unter Karl dem Großen, das heißt über 100 Jahre zuvor, im rheinischen Dorestad geprägt wurden. Dort, wo sich bei den Vorbildern noch Inschriften zeigen, findet sich bei den 100 Jahre jüngeren Imitationen das Bild eines Schiffs.

Mit der raschen Zirkulation der Münzen verbreitet sich das Bild des Schiffs über den Küstenraum und das Kerngebiet der Wikinger hinaus. Es schafft ikonografische Verbindungen und visuelle Verbundenheit über einen aus großen und vielen kleinen Inseln bestehenden Handels- und Kommunikationsraum. Die Kontrolle darüber wird zum machtbegründenden Bestandteil der wikingerzeitlichen Herrschaft. Die Verbindung der zu Beginn der Wikingerzeit noch kleinen Königtümer ist für die Reichseinigungen im 10. Jh. entscheidend. Sie begründen die bis heute existierenden Königreiche von Dänemark, Norwegen und Schweden.

Zum Zwecke der Reichseinigungen von Dänemark, Schweden und Norwegen werden im 10. Jh. nicht ausschließlich Schiffe und Schiffsbilder eingesetzt, die physische und visuelle Verbindungen schaffen sollen. Es wird zudem ein mentaler Zusammenhang hergestellt, indem der Herrscher den mit dem Christentum verbundenen Stellvertreteranspruch Gottes auf Erden übernimmt. Dies steht im Widerspruch zur von den Wikingern bis dato praktizierten Glaubensvorstellung von vielen Göttern mit jeweils unterschiedlichen Schutzaufgaben.

Nach Ausweis eines prächtigen Runensteins, der am Königshof von Jelling im heutigen Nordjütland in der zweiten Hälfte des 10. Jh. errichtet wird, gelingt es erstmals König Harald Blauzahn, die Dänen zu Christen zu machen und ganz Norwegen und Dänemark für sich zu gewinnen. Dieser für Skandinavien so bedeutsame Schritt markiert den strukturellen Wandel, zu dessen Gestaltung besagte Vernetzung Voraussetzung ist.

Eine neue Weltordnung

Dieser offensichtlich erfolgreiche, für seine Zeit im Norden innovative Schritt ist nicht nur wegweisend für die Reichseinigung Dänemarks, sondern vor allem auch grundlegend für eine neue Weltordnung in Skandinavien insgesamt. Und so verwundert es nicht, dass

Die wohl stattlichste Seite des im norddänischen Jelling aufgestellten Steines ziert die Darstellung eines Mannes mit ausgebreiteten Armen. Anstelle der im christlichen Raum üblichen Befestigung durch Nägel, scheint die Person an das Kreuz gebunden worden zu sein. Offensichtlich handelt es sich hierbei um die skandinavische Interpretation des christlichen Kreuzigungsmotivs.

sich die Firma Bluetooth, die für innovative mobile Kommunikationstechnologie und Vernetzung im 21. Jh. steht, nach einem Wikinger benennt, der wohl einer der mächtigsten, einflussreichsten und wirksamsten Könige seiner Zeit ist: Harald Blauzahn. Die in die Vorstellung von Mobilität und Vernetzung eingebettete historische Figur soll schmückende, sich auf das Unternehmen positiv übertragende Assoziationen hervorrufen, insbesondere solche von auf mobiler Kommunikation beruhender Vernetzung unterschiedlicher Welten und damit verbundenem Prestige.

Wie sich der historische Name Harald Blauzahns begründet, verbleibt hypothetisch. Anzunehmen ist, dass die entsprechend benannte Person optische Auffälligkeiten im vorderen Zahnbereich aufweist. Dies können unschöne Folgen vernachlässigter Zahnpflege sein. Ob der Verweis darauf allerdings der Bezeichnung für einen König gerecht wird, darf bezweifelt werden – hauptsächlich deshalb, weil Harald Blauzahn beispielsweise auf besagtem Runenstein prominent und ruhmreich Erwähnung findet.

Vor dem Hintergrund, dass die Wikingerzeit eine ornament-, farben- und statusgeprägte Epoche ist, darf angenommen werden, dass die dentale Auffälligkeit gezielt herbeigeführt wird. Aus bestimmten Kulturkreisen ist bekannt, dass ein einzeln im frontalen Sichtbereich angebrachter Goldzahn schmückend und statusanzeigend zur Schau getragen wird. Für die Wikingerzeit ist dies nicht überliefert, wohl aber, dass Glasperlen eine nicht unbedeutende Rolle spielen.

In der Wikingerzeit gibt es zunächst nur Tauschhandel. Anderswo geprägte Münzen gelangen zwar nach Norden, werden dort aber nicht im Sinne des eigentlichen Münzgebrauchs und somit des nominalen Münzwerts entsprechend eingesetzt. Stattdessen werden sie mithilfe einer Waage in ihrem Gewicht bestimmt. Dies führt dazu, dass manch eine Münze zerteilt und somit hinsichtlich ihres Gewichts angepasst werden muss. Somit kann Handelsgut – wie vor allem Getreide, Salz, Tuch und Glas – im quantitativen Gegenwert messbar gemacht werden. Insbesondere für blaue Glassteine, so genannte »tesserae«, aus denen in großer Zahl nachgewiesene Perlen geformt werden, nimmt man an, dass sie als standardisiertes Zahlungsmittel der Wikingerzeit deshalb gern Verwendung finden, weil sie so unkompliziert zu transportieren und dennoch kostbar und statusanzeigend sind. Könnte dies ein Grund für die Annahme sein, dass Harald Blauzahn einen schließlich namengebenden Glasstein als Zahnimplantat trägt, der glitzernd Aufmerksamkeit erregt?

Über gewohnte Mobilitäts- und Kommunikationsräume hinaus

Unabhängig davon erscheint die Intention, sich heute erneut mit einem Schiff der Wikingerzeit zu schmücken, für Einrichtungen und Unternehmen sinnfällig, die sich entweder mit dem Gegenstand als solchem beschäftigen, wie etwa Museen und Kultureinrichtungen, oder für Institutionen, die sich der

Glassteine sind im wikingerzeitlichen Skandinavien sehr beliebt. Sie dienen zur Anfertigung von Perlen und als Zahlungsmittel. Insbesondere die blauen Glassteine scheinen besonders begehrt zu sein.

Mobilität verschrieben haben. Dazu gehören sowohl Tourismusagenturen als auch schifffahrts-, automobil- und flugaffine Unternehmen und Unternehmungen. Im Rahmen des so genannten Viking-Programms der NASA beispielsweise gilt es, den gewohnten Mobilitäts- und Kommunikationsraum über die bisherigen Grenzen hinweg durch den Einsatz von Raumschiffen zu erweitern.

Im 20. Jh. kommt es mit der Erfindung und verstärkten Nutzung von Automobil und Raumfahrtraketen zu gravierenden gesellschaftlichen Veränderungen. Das Automobil bedeutet eine Erweiterung des Mobilitäts- und Kommunikationsraums des Individuums über die üblichen Formen hinweg. So scheint es auch für das britische Automobil-Unternehmen Rover schmückend zu sein, ein Wikingerschiff als Identitätsmarke zu wählen – möglicherweise getrieben von einer im frühen 20. Jh. allgemein vorherrschenden Norwegen-Affinität. Das Unternehmen führt 1922 das in seinen Grundzügen noch immer gültige Rover-Emblem ein. Es ist durch ein frontal gezeigtes Schiff mit charakteristischem Drachenkopf gekennzeichnet, das mittlerweile in zahlreichen Varianten und veränderten Formen vorliegt und dennoch stets als Rover-Emblem zu erkennen ist.

Der Zeitgeist grenzüberwindender Mobilität und Kommunikation scheint auch dafür entscheidend zu sein, dass das »Jahrbuch der Schiffbautechnischen Gesellschaft« zu Berlin von 1928 mit dem Logo eines Wikingerschiffs versehen wird. Man sollte annehmen, dass der Schirmherr der Schiffbautechnischen Gesellschaft hier seine persönliche Leidenschaft hineingibt, die er auch politisch auszuleben versteht. Schließlich ist der Schirmherr kein Geringerer als der letzte deutsche Kaiser, Wilhelm II., der unabhängig von seiner Schirmherrschaft mit seiner Yacht »Hohenzollern« den Norwegen-Tourismus im späten 19. und 20. Jh. populär macht.

Als Nachfahren der Wikinger

In dieser Zeit wird ebenfalls – und nicht zuletzt im Zusammenhang mit Wilhelm II. – der Grundstein für einen Souvenir-Boom gelegt. Kleine Wikingerschiffe werden seitdem als beliebte Reiseandenken zunächst in verhältnismäßig hochwertigem, heute unterschiedlichem Material vertrieben. Wilhelm II. selbst soll zum 25. Thronjubiläum 1913 einen übermeterhohen Tafelaufsatz aus vergoldetem Silber von den Bundesfürsten und -städten erhalten. Er besteht aus der Darstellung eines Wikingerschiffs, das anstelle eines Drachenkopfs einen Adler trägt. Aufgrund des Kriegsbeginns erfolgt die Übergabe allerdings erst 14 Jahre später.

Von 1889 bis zum Ausbruch des Ersten Weltkriegs unternimmt Wilhelm II. jährlich eine »Nordlandfahrt« nach Norwegen. Einerseits ist er dem Maritimen verhaftet, zumal die felsige und vielfach unzugängliche, spektakuläre Landschaft Norwegens vom

Wikinger Museum Haithabu

Das Logo des einzigen Wikingermuseums in Deutschland weist die abstrahierte Darstellung eines flachbodigen Segelschiffs auf. Die Farbgebung ist an den dänischen Nationalfarben Rot und Weiß orientiert. Dadurch, dass das Schiff nicht im Profil, sondern von vorn bzw. achtern abgebildet ist, erinnert es gleichzeitig auch an das Museumsgebäude selbst.

Rechts: Der Siedlungsplatz von Haithabu liegt heute beschaulich da. Vor rund 1000 Jahren herrscht hier reges Treiben. Menschen aus verschiedenen Ländern kommen zusammen. Schiffe bringen exotische Waren, Handwerker verrichten ihre Arbeit. Die Spuren von damals liegen heute unter der Grasnarbe im Archiv des Bodens verborgen.

ROVER

Das Rover-Emblem weist alle Charakteristika eines »Wikingerschiffs« auf: ein rotgestreiftes trapezoides Segel, einen flachen, schnellen Rumpf sowie einen hochgezogenen Steven. Die Verbundenheit zu den Wikingern leitet sich womöglich davon ab, dass die Wikinger als bemerkenswerte »Rover« im Sinne von Wanderern bewertet werden.

Die NASA erforscht in den 1970er Jahren im Rahmen ihres Viking-Programms den Mars. Dadurch werden erstmals detaillierte Bilder des Planeten bekannt. Die Benennung des Programms leitet sich davon ab, dass die Wikinger infolge der ersten historisch überlieferten Atlantiküberquerung überhaupt Wissen über Amerika nach Europa bringen.

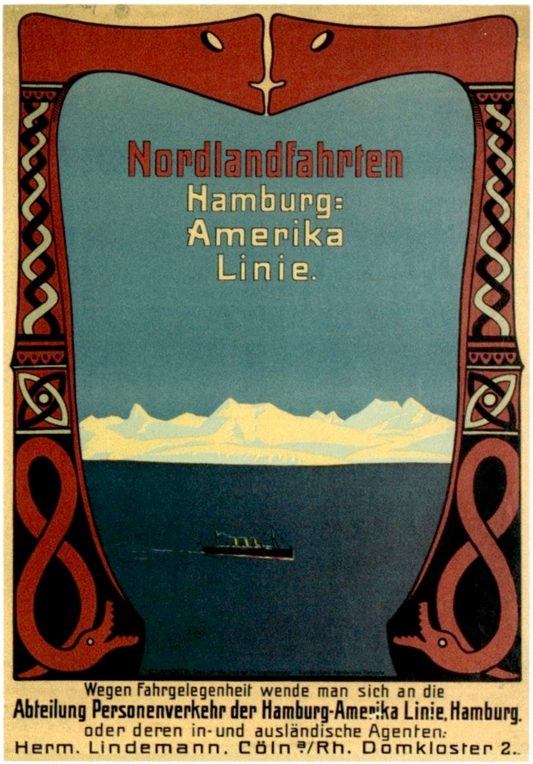

Seit ihrer Gründung 1899 in Berlin gibt die Schiffbautechnische Gesellschaft e.V. ein Jahrbuch heraus. Dieses ist mit dem Emblem eines wikingerzeitlichen Schiffs verziert. Die Gestaltung des Emblems ist Ausdruck des politischen und persönlichen Interesses Wilhelms II., der seine Sommer gern mit seinem Schiff auf den norwegischen Fjorden verbringt.

Die Begeisterung Wilhelms II. für seine »Nordlandreisen« nutzt die Hamburg-Amerika-Linie, um Neugierige für Schiffs- und Vergnügungsreisen zur See zu interessieren. Werbeplakate weisen zu Beginn des 20. Jh. historisierende Motive auf, die Assoziationen mit der Wikingerzeit hervorrufen. Immerhin sind die Wikinger die ersten, von denen bekannt ist, dass sie von Europa aus segelnd den Atlantik überquerten und Amerika erreichten.

Schiff aus viel großzügiger als von Land aus erlebbar ist. Andererseits ist er den nordischen Mythen verbunden und der Vorstellung, ein Nachfahre der Wikinger zu sein.

Im frühen 20. Jh. gibt es – wie schon zu Beginn der Wikingerzeit – für die maritime Verkehrs- und Technikgeschichte folgenreiche Veränderungen im Zusammenhang mit dem Antrieb. Hat zu Beginn der Wikingerzeit die Einführung des Segels das geruderte Boot abgelöst, ist es nun die Ablösung der traditionsbehafteten Segelschiffe durch schnellere und leistungsfähigere Dampfschiffe mit neuen Möglichkeiten und Folgen für die Mobilität und Vernetzung.

Mit seinen Norwegen-Reisen wird der Kaiser modebegründend, nicht zuletzt auch für ein zunehmend völkisch-nationalistisches Gedankengut, was Ende des 19. Jh. immer raschere Verbreitung und im Dritten Reich schließlich seinen Höhepunkt findet. Dieser Zeitgeist befördert, dass Richard Wagner nicht nur den Mythos des Nordens befeuert, sondern auch die Idee des wikingerzeitlichen Hörnerhelms.

Somit ist der Boden mental bereitet, um altnordische Runen und Schwerter in der NS-Zeit miss-

Mit der Integration des »Wikingerschiffs« in Firmenlogos wird die gezielte Assoziation von Produkt und dessen Gebrauch mit Weltaufgeschlossenheit geschaffen. Die Firma Reemtsma nutzt den drachenkopfverzierten Steven. Möglicherweise ist die stark abstrahierte Darstellung jedoch nur Kennern bekannt.

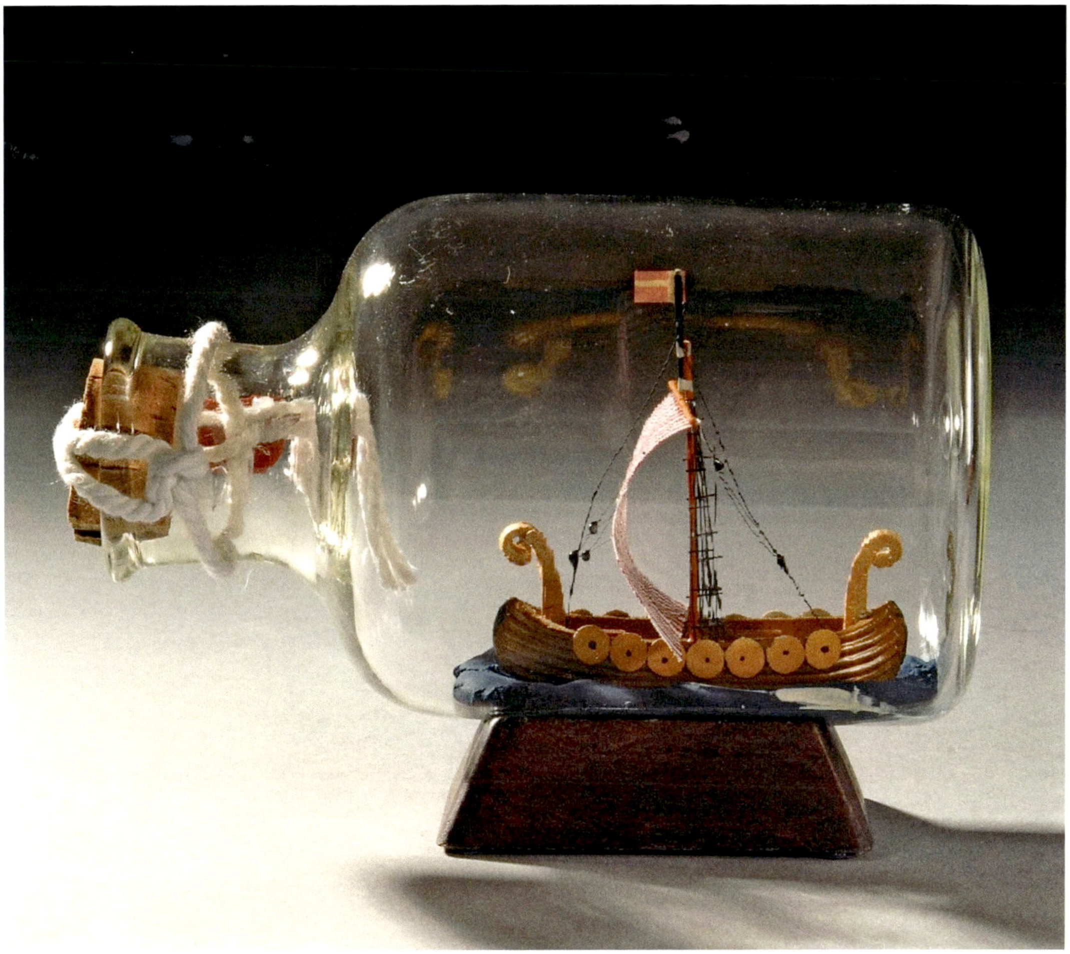

Rechts: Das Buddelschiff gehört zu den beliebtesten maritimen Reiseandenken. Hierin kristallisieren sich die Erinnerungen an eine Reise, ein Erlebnis oder einen Ort. Die wikingerzeitlichen Schiffsmodelle sind dabei auch Ausdruck von Abenteuerlust und Fernweh.

Links: Mit der Staatsyacht »Hohenzollern« ist der deutsche Kaiser Wilhelm II. zu repräsentativen Zwecken auf Ost- und Nordsee unterwegs. Bekannt wird dieses Schiff im Zusammenhang mit den so genannten »Nordlandreisen«, die der Kaiser bis ins norwegische Trondheim unternimmt. Weitere Reisen führen den Kaiser u. a. auch ins Mittelmeer.

Die Firma Larsen-Cognac verweist mit der Gestaltung ihrer Flaschen in Form von »Wikingerschiffen« auf ihre Verbindung nach Skandinavien. Als Larsen 1926 in Frankreich eine Cognac-Firma übernimmt, integriert er die Darstellung eines »Wikingerschiffs« in sein Unternehmenslogo. Ende des 19. Jh. im norwegischen Kristiansand geboren, wird der Norweger Larsen zahlreiche Kenntnisse über die Wikinger und auch über das 1904 entdeckte Oseberg-Schiff gehabt haben.

bräuchlich zur Überhöhung der Wikinger zu benutzen. Die SS, die Norweger und Dänen für ihre Interessen zu rekrutieren sucht, verwendet Bilder von wikingerzeitlichen Schiffen und Kriegern, um die Ähnlichkeiten zwischen ihnen und den Wikingern darzulegen.

Im Dritten Reich knüpfen die »Kraft durch Freude«-Fahrten an die Motive zur Durchführung der Norwegenreisen des Kaisers an. Und selbst im frühen 21. Jh. ist die Assoziation von Wikingern und nationalistischem Gedankengut ungebrochen, wenn auch in veränderter, nicht mehr an den Tourismus im engeren Sinne, wohl aber ans Reenactment gebundenen Form.

Reenactment bietet niedrigschwellige Anziehungspunkte für völkisches Gedankengut, das durch entsprechende Rockbands besungen und hochgehalten wird. Weiterhin gibt es sich mit nationalistisch missbräuchlichen Symbolen schmückende Vereinigungen, die aufgrund von Verstößen gegen die verfassungsmäßige Ordnung mittlerweile durch das Bundeministerium des Innern verboten sind.

Nicht zuletzt werden die Wikinger auch mit Genuss und somit alkoholhaltigen Getränken und Zigaretten in Zusammenhang gebracht. Das Firmenlogo der Zigarettenmarke Reemtsma zeigt den stilisierten Drachenkopf eines wikingerzeitlichen Stevens, ein französischer Cognac wird in einer schiffsförmigen Flasche aus Limoges-Porzellan vertrieben oder Bier in Verbindung mit einem Wikingerschiff beworben.

Zugkräftig: Reenactment und Tourismus

Eine besondere Form der Erlebbarkeit von Geschichte bietet die seit den 1970er Jahren unter dem Begriff »Reenactment« oder »Living History« vollzogene Neuinszenierung von möglichst konkreten historischen Ereignissen. Reenactment lebt in einem Spannungsfeld zwischen der Aneignung und der Vermitt-

Bier gehört zu den häufigsten alkoholischen Genussmitteln, die mit Wikingern in Verbindung gebracht werden. Das raue Image von Bier passt zu den »wilden« und abenteuerlustigen Kerlen, als welche die Wikinger gern gesehen werden. Biernamen werden zu Fantasiepersonen in Wikingergeschichten und Götternamen zur Bezeichnung von Bieren benutzt – die Assoziation von Genuss und Freude am Leben steht hierbei vermutlich im Vordergrund.

Erst beim Tragen und Benutzen rekonstruierter Artefakte und Geräte stellt sich heraus, ob und in welcher Weise sie gebrauchsfähig sind. Dabei wird nicht irgendetwas dargestellt, sondern eine historische Zeit zu erfassen und zu erleben versucht – hier zwei Frauen beim Feuermachen.

lung neuer Erkenntnisse zu geschichtlichem Wissen durch den Nachbau bzw. die Nutzung von einzelnen Artefakten sowie der mit Fantasie verbundenen Darstellungsweise. Dieses Spannungsfeld führt zur Herausbildung von zwei Ausprägungen des Reenactment. Ein Zweig verfolgt eine wissenschaftliche Ausrichtung im Zusammenhang mit der experimentellen Archäologie. Der andere orientiert sich an dem eher der Unterhaltung und schließlich dem Kommerz verhafteten Reenactment. Zielt die erste Richtung auf die Beantwortung wissenschaftlicher Fragestellungen, stehen im zweiten Fall Erleben und Erfahren im Vordergrund.

Beide Ausprägungen achten auf größtmögliche Authentizität, was einen hohen Bedarf an Objekten aus der jeweiligen Zeit zur Folge hat. Kleidung, Trinkgeschirr und Accessoires werden nach rekonstruierten Vorlagen, mithilfe alter Techniken und Materialien gefertigt und den Funktionen der damaligen Zeit entsprechend eingesetzt. So sieht man entsprechend gekleidete Personen auf Mittelaltermärkten und anderen vom Kulturtourismus zunehmend entdeckten Veranstaltungen oder vor allem auch in angelsächsischen Museen.

Verschiedene Orte – ein Ziel

Traut man der Statistik, so ist das Interesse an Kultur und Kulturdenkmälern einer Region die zweitgrößte Motivation für das Reisen überhaupt. Der Kulturtourismus nutzt dabei das, was oben als für Wikinger charakteristisch beschrieben wird, nämlich ein durch Mobilität und mentale Gemeinsamkeiten geschaffenes Netzwerk unterschiedlicher Orte. Mit dem Ziel, ein gemeinsames inhaltlich fokussiertes, grenzübergreifendes Tourismuskonzept unter dem Namen »Destination Viking – a concept for travel experience« zu entwickeln, haben sich unterschiedliche Akteure, darunter Museen, in einem offenen Netzwerk namens »Destination Viking Association« zusammengefunden (www.destinationviking.com). Es verbindet rund 50 Orte aus zehn Ländern miteinander, zu denen Beispiele von Häusern, Schiffen, Objekten und Museen sowie Märkten gehören.

Für Marketingzwecke setzt der Kulturtourismus dabei zunehmend auch Auszeichnungen von Orten, Regionen und Denkmälern ein, die von der UNESCO und dem Europarat im Sinne friedens-, gemeinschafts- und identitätsstiftender Werkzeuge zur Bewusstseinsbildung vorgenommen wurden. In manchen Fällen entfaltet eine solche Etikettierung Magnetwirkung. So bieten insbesondere auch Kreuzfahrtschiffe Routen mit einem dezidiert auf UNESCO-Welterbestätten ausgerichteten Programm an. Dies gilt etwa für die 1997 gegründete Reederei »VIKING river cruises«, die darüber hinaus auf den russischen Flüssen zwischen Ostsee und Schwarzem Meer unterwegs ist, die bereits von den Wikingern als so genannte Warägerroute genutzt wird. Zu den meist frequentierten Flüssen gehören in diesem Zusammenhang Wolga, Swir und Newa.

Seit 1985 nimmt der Europarat die Ausweisung von Kulturrouten vor (www.culture-routes.net/cultural-routes/values). Dies zielt darauf ab, das Bildungs- und Kulturpotenzial in der Bevölkerung zu erhöhen, um somit einen Beitrag zur Einhaltung der Menschenrechte, der Bewusstseinsbildung und der Entstehung einer europäischen Identität zu leisten. Weiterhin sollen der Dialog zwischen Völkern und Religionen gestärkt, Spannungen abgebaut und Konflikte vermieden werden. Infolge der geschichtlichen und kulturellen Inwertsetzung von Kulturerbestätten der Wikingerzeit zeichnete der Europarat 1993 eine »Wikinger Kulturroute« aus.

Wikinger als Konstrukt unserer Vorstellung

Die Wikinger ziehen verschiedenste Generationen in ihren Bann, in unterschiedlichen Teilen der Welt. Offensichtlich sucht man in der Geschichte und Kultur der Wikinger Inspiration für die eigene Unterhaltung und Erholung. Dies zeigt die anhaltende Nachfrage an wissenschaftlich begleiteten Exkursionen zu Or-

Um Erlebnisse authentischer zu machen, wählen insbesondere Museen im angelsächsischen Raum die Möglichkeit, Vermittlungspersonen in historischer Kleidung berichten zu lassen. Die zeitbezogene Kostümierung ermöglicht es, die eigenen Sehgewohnheiten neu und auf den historischen Gegenstand bezogen zu justieren. Dabei unterliegen die rekonstruierten Kleidungsstücke ebenfalls der jeweils zeitgeschichtlich gebundenen Interpretation. Im Bild zu sehen ist Reinhard Erichsen in »Wikingerkleidung« vom Wikinger Museum Haithabu.

Historisches Reenactment lädt zum Ausprobieren ein. Spannend ist, wie es gelingen kann, über die entsprechende Kleidung auch zu einer Haltung und somit zum Einnehmen einer Rolle zu kommen. Die Anpassung von Wortwahl und Sprache kann dabei helfen.

ten, in deren Namen (wie z. B. Haithabu) und oberirdischen Denkmälern (darunter eindrucksvolle Grabhügel sowie Bild- und Runensteine) die Wikingerzeit noch heute präsent ist.

Das im Zusammenhang von Reenactment und touristischer Werbung tradierte Bild der Wikinger ist ein Konstrukt unserer Vorstellungen. Es komprimiert – ähnlich wie im Falle des Schiffs – die den Wikingern zugeschriebenen Charakteristika einer Gruppe von Bart tragenden extrovertierten Männern und täuscht schnell darüber hinweg, dass die Menschen der Wikingerzeit dezentral in unterschiedlich großen Gruppen organisiert sind. Sie formieren sich unter lokalen Anführern. Gruppenstärken und -zugehörigkeiten verändern sich in Abhängigkeit von (heirats-)politischen und genealogischen Allianzen. Die Vielfalt der Einheiten drückt sich in lokalen Traditionen aus, die an Schmuckformen und -verzierungen sowie verschiedenen Bestattungsweisen abzulesen sind.

Schutz des kulturellen Erbes

Für das 10. Jh. ist mit Harald Blauzahn eine Person oder besser Persönlichkeit überliefert, die offensichtlich eine nicht nur lokale Wirksamkeit über Dritte besaß. Er scheint zu vermögen, große Personengruppen so zu mobilisieren, zu koordinieren und zu entlohnen, dass bis heute im südlichen Skandinavien überlieferte Bauwerke geschaffen werden können. Derzeit gibt es Bestrebungen, die oberirdischen Zeugnisse dieser Zeit als Teil der von der UNESCO als Weltkulturerbe anerkannten Denkmäler bzw. Kulturlandschaften auszeichnen zu lassen. Über einen 2015 gestarteten, nun modifizierten Antrag soll 2018 erneut beraten werden. Der Welterbetitel bedeutet Schutz des kulturellen Erbes, touristische Inwertsetzung und mediale Fokussierung auf gut erhaltene Denkmäler der Wikingerzeit zugleich.

Museen verändern sich und damit einhergehend der Begriff des Kulturerbes, was auch in der 2006 in Kraft getretenen UNESCO-Konvention zur Erhaltung des immateriellen Kulturerbes zum Ausdruck kommt (www.unesco.de/kultur/immaterielles-kulturerbe.html). Diese zielt auf die Bewahrung von Traditionen und lebendige kulturelle Ausdrucksformen. Damit wird das eurozentrische Konzept, das sich auf die Denkmäler konzentriert, zugunsten der Auffassung aufgebrochen, dass lebendige und erlebte Kulturformen ebenfalls Kulturerbe sind. Der Interessensschwerpunkt liegt dabei auf den Prozessen und nicht auf den Denkmälern, die im Grunde ein Ne-

Die beiden Grabhügel im norddänischen Jelling sind von eindrucksvoller Größe. Seit 1994 gehören diese zum UNESCO-Weltkulturerbe. Oberirdisch sichtbar sind zwei Runensteine, die Kirche sowie Überreste einer womöglich schiffsförmigen Steinsetzung.

benprodukt der jeweiligen Tätigkeiten und Motivationen sind.

Wollte man die Schiffe der Wikingerzeit als Teil des UNESCO-Welterbes deklarieren, würde man sicherlich eine Bewerbung um Anerkennung als immatrielles Kulturgut anstreben. Nicht deshalb, weil die Schiffe nur zu einem Bruchteil erhalten sind. Vielmehr liegt doch das, was den Wert eines Schiffs ausmacht – Mobilität, Transportfunktion und Wissen um Navigation – im Prozesshaften begründet. Anders als im Falle von Orten und Grabhügeln sind Schiffe nicht Folge von etwas, stattdessen sind sie Mittel zum Zweck. Gerade ihr Betrieb und die damit verbundenen Handlungen sind das eigentlich Wertvolle. Darüber gibt es keine schriftlichen Aufzeichnungen. Nach Auffinden der archäologischen Nachweise müssen Betrieb und dafür notwendige Handlungen zunächst wieder erprobt und geübt werden. Insbesondere im Wikingerschiffsmuseum in Roskilde wird dieses empirisch gewonnene Wissen wohl auf breitester Basis generiert. Hier geht es um die Überlieferung von Wissen und Fertigkeiten über die angewandten Handlungen und verwendeten Instrumente. Hier kommen »Wissen und Praktiken im Umgang mit der Natur und dem Universum«, das heißt beim Segeln, und »das Fachwissen über traditionelle Handwerkstechniken« beim Bau der Schiffe zusammen. Auch mit Blick auf deren Vermittlung an die Öffentlichkeit geht es zunehmend um diese Geschichte und Geschichten.

Im heutigen Schleswig-Holstein verläuft in Ost-West-Richtung das so genannte Danewerk. Es ist ein aus Wällen und Gräben bestehendes Bauwerk, das im Frühmittelalter die Dänen im Norden von den Sachsen im Süden trennt. Zu dessen Errichtung war eine vergleichsweise große Anzahl an zu koordinierenden und motivierenden Personen notwendig.

Das Wissen um »Wikingerschiffe«

Ole Crumlin-Pedersen (1935–2011) war treibende Kraft bei der Ausbildung der Unterwasserarchäologie in den 1950er Jahren in Dänemark. Sein Name ist unmittelbar mit den wegweisenden Untersuchungen der Skuldelev-Schiffe im Roskilde-Fjord und der Gründung des Wikingerschiffsmuseums in Roskilde verbunden. Ihm ist der Nachbau der Wikingerschiffe mithilfe experimentalarchäologischer Methoden zu verdanken.

In der Malerei zur Zeit des erwachenden Nationalismus finden die Vorstellungen vom »Wikingerschiff« ihren fantasievollen Ausdruck. So zeigt das von Hans Gude 1851 geschaffene Gemälde »Framnes og Badestrand« auf Oscarshall das Motiv eines Wikingerschiffs mit vollen Segeln auf dem norwegischen Sognefjord – 800 Jahre, nachdem das letzte wikingerzeitliche Schiff tatsächlich dort fährt.

Das Interesse an der Erforschung beginnt mit dem zufälligen Auffinden von Schiffen in norwegischen Grabhügeln im späten 19. Jh. Mit jedem neu entdeckten Wikingerschiff wachsen das wissenschaftliche und auch das öffentliche Interesse an der Schiffsarchäologie, die zunehmend zu einer eigenen Disziplin wird. Damit einhergehend entwickeln sich neue Methoden, die zu immer genaueren Erkenntnissen führen. Schließlich werden die modernen Verfahren auch auf die bereits mehr als 100 Jahre bekannten Schiffsfunde angewendet, um diese unter wissenschaftsgeschichtlichen Aspekten auszuwerten.

Die ersten Schiffsfunde werden zu einem Zeitpunkt bekannt, als sich die Archäologie zunächst noch als Wissenschaft etablieren muss. Doch aufgrund der beeindruckenden Entdeckungen sind die Namen der eigentlich kleinen Orte Borre, Gokstad, Tune und Oseberg bis heute weithin bekannt. Nach dem wikingerzeitlichen Ort Haithabu wird wiederum auch ein heute eingesetztes Forschungsschiff benannt, mit dessen Hilfe heute noch unter Wasser liegende Schiffe untersucht werden können.

Von den Anfängen der Unterwasserarchäologie …

Die Unterwasserarchäologie hingegen entwickelt sich erst in den 1960er Jahren mit den Untersuchungen

Der Fund des Schiffsgrabes im norwegischen Oseberg ist wahrlich eine Überraschung. Sensationell ist ebenfalls die einzigartige Kunstfertigkeit, die sich in der Verzierung des Schiffs manifestiert. Von großer Bedeutung ist darüber hinaus die zum Auffindungszeitpunkt zur Verfügung stehende Technik der Fotografie. Anderenfalls wären die eindrucksvollen Grabungssituationen nicht überliefert.

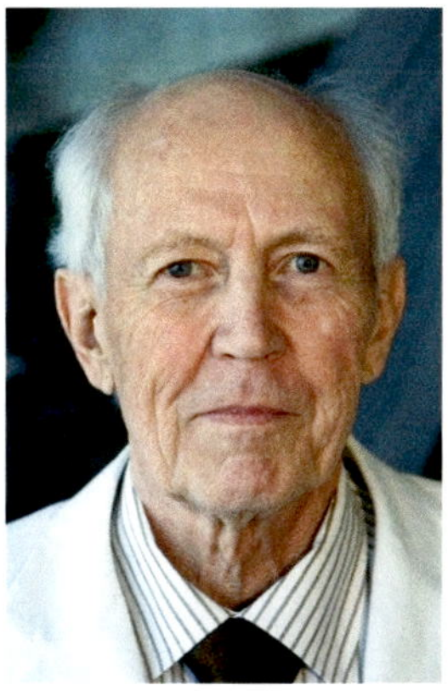

im dänischen Roskilde-Fjord. Der damals junge Ingenieur und Taucher Ole Crumlin-Pedersen leitet von 1957 bis 1962 in technischer Verantwortung gemeinsam mit dem inhaltlich verantwortlichen damaligen Direktor der Mittelalterabteilung des Dänischen Nationalmuseums in Kopenhagen Olaf Olsen die Arbeiten im Roskilde-Fjord.

Ole Crumlin-Pedersen begründet damit die methodische Vorgehensweise der Unterwasserarchäologie in Dänemark, 1965 das infolgedessen eröffnete Wikingerschiffsmuseum Roskilde und 1993 das dazugehörige interdisziplinäre Forschungszentrum. Gelernt hat Ole Crumlin-Pedersen Maschinenbau mit Schwerpunkt Schiffbau, doch er ist trotzdem früh an der Untersuchung wikingerzeitlicher Schiffe interessiert. 2001 bekommt er für seine Verdienste die Ehrendoktorwürde verliehen. Er gilt als vorbildlicher Mitbegründer und Schlüsselfigur der wikingerzeitlichen Schiffsarchäologie.

Mit dem Tod Ole Crumlin-Pedersens im Jahr 2011 findet die erste Generation an Forschern auf diesem Gebiet ihr Ende. Eine neue folgt, die sich insbesondere auch den Herausforderungen des langfristigen Erhalts archäologischer Schiffsfunde sowie den Möglichkeiten der digitalen Welt stellt. Denn heute werden die Schiffe für ihre Erforschung nicht mehr nur manuell vermessen. Die digitalen Methoden ermöglichen eine relativ rasche und vor allem präzise Aufnahme von Schiffshölzern und deren Vergleichbarkeit. Analoge Dokumentationen und neue Aufnahmen können daher digital gegenübergestellt werden. Der Einsatz einer Totalstation macht dies ebenso möglich wie photogrammetrische Vermessungen und Laserscanning-Verfahren. Digitalaufnahmen erlauben zudem, die Schiffe, so wie sie heute zusammengesetzt sind, virtuell zu zerlegen und neu rekonstruiert in unterschiedlichen Optionen wieder aufzubauen, um sie in ihrer Beschaffenheit dann miteinander zu vergleichen. Denn insbesondere die frühen norwegischen Schiffsfunde wurden in einer Zeit zusammengesetzt, als noch keine tatsächlich aus dem wikingerzeitlichen Schiffbau gewonnenen Erkenntnisse vorliegen.

... zur digitalen Dokumentation

Bei modernen Ausgrabungen sind digitale Dokumentationsmethoden nicht mehr wegzudenken, vor allem auch im Falle von Unterwasseraufnahmen. Häufig wären eine analoge Vermessung und Bergung des Schiffs sowie auch dessen Konservierung zu zeit- und perso-

Das Forschungsschiff »Haithabu« ist ein Spezialschiff, das im Rahmen des Meeresmonitorings vom Landesbetrieb für Küstenschutz, Nationalpark und Meeresschutz eingesetzt wird. Es soll Munition kartografieren und Wasserproben entnehmen und ist somit ein echtes Vielzweckschiff. Nicht ausgeschlossen ist, dass sich damit auch wikingerzeitliche Schiffswracks unter Wasser finden lassen.

nalaufwendig und daher zu teuer. Darüber hinaus wird wiederholtes Monitoring an in situ liegenden Schiffen betrieben, um auch Veränderungen an den Objekten über einen längeren Zeitraum zu erfassen.

Wie sich Hölzer zeitlich bestimmen lassen

Das archäologisch überlieferte Bild kann und wird immer nur einen Ausschnitt dessen darstellen, worauf unser heutiges Wissen beruht. Jeder Schiffsfund ist somit als großer Glücksfall zu bezeichnen. Neben der Abrasion durch Sandtransport, Verrottung durch den Kontakt mit Sauerstoff oder auch Sekundärgebrauch als Feuerholz ist es hauptsächlich der Befall durch sich von Holz ernährenden Organismen, die zur Zerstörung der kulturhistorisch so wertvollen Schiffsfunde führen. In Nord- und Ostsee ist es die etwa 20 cm lange Schiffsbohrmuschel (»teredo navalis«). Sie lebt in salzhaltigem Wasser und frisst sich in vielen Fällen durch das Holz. Die dadurch entstehenden Fressgänge können so dicht aneinandergesetzt sein, dass das Holz bis zur Unkenntlichkeit zerstört wird.

Die Erhaltung des Holzes ist sowohl für die typologische Bestimmung als auch für seine Datierung essenziell. Im Wachstum befindliches Holz bildet unter seiner Rinde jährlich Ringe aus. In ihrer Zellstruktur weisen sie ein jeweils spezifisches, von verschiedenen Umweltfaktoren wie Klima, Wetter und Standort abhängiges Muster auf, das heißt eine bestimmte Jahrringbreite und -farbe. Die Synchronisierung dieser Muster ermöglicht es, Zeitgleichheiten und zeitliche Überlappungen von Hölzern zu ermitteln. Die grafische Darstellung einer repräsentativen Anzahl an Jahrringmustern führt dazu, dass spezifische Kurven erstellt werden, die als Referenz für zeitlich neu zu bestimmende Hölzer dienen. Voraussetzung dafür ist, dass die Kurve an mindestens einer Stelle zeitlich absolut, das heißt jahrgenau bestimmt werden kann. Für die »Einhängung« eines spezifischen Jahrringmusters in die dendrochronologische Kurve muss das zu bestimmende Holzstück mindestens 30 Jahrringe aufweisen. Dies wird jedoch erschwert, wenn die Schiffsbohrmuschel das Holz zunehmend zerstört.

Schiffe sind in der Regel schwierig zeitlich zu bestimmen, denn nur in wenigen Fällen sind datierbare Beifunde erhalten. Daher kann die Archäologie bedauerlich selten auf gemeinhin angewandte Datierungsmethoden zurückgreifen, insbesondere nicht auf die typologische Bestimmung von Artefakten. Somit gewinnt die dendrochronologische Methode für die Altersbestimmung von Schiffen gegenüber anderen Methoden an Wert. Und nicht nur dafür. Auch mit Blick auf die Herkunft des Holzes sind entsprechende Untersuchungen wichtig. So wissen wir beispielsweise, dass das Holz von einem der im Roskilde-Fjord gefundenen Schiffe (Skuldelev 2) aus Irland stammt.

Digitale Technik hat in die Schiffsarchäologie Einzug gehalten. Die Konturen und Eigenheiten von Schiffshölzern werden digital erfasst. Somit dienen sie nicht nur der Dokumentation, sondern auch als Grundlage virtueller Rekonstruktionen.

Unterschiedliche Schiffstypen und -funktionen

Das Wissen über Wikingerschiffe basiert auf Ausgrabungen frühmittelalterlicher Hafenorte, Seesperren und Grabhügel und wird durch eine Vielzahl an bildlichen Darstellungen – auf Münzen, Runensteinen, Teppichen/Textilien, Kirchenwänden – ergänzt. Mit

Funde und Befunde werden bereits an ihrem Auffindungsort fotografisch und zeichnerisch dokumentiert, das heißt in Originallage. An Land erfolgt dann eine detailliertere Erfassung – nicht nur der Umrisse, sondern im Falle von Hölzern beispielsweise auch der Maserung. Dazu bedarf es einer ruhigen Hand und eines genauen Auges.

Rechts: Einsam und friedlich sollte es im nordenglischen Kloster Lindisfarne zugehen. Doch heute stehen die Ruinen der Klosterkirche sinnbildlich für den 793 erfolgten wikingerzeitlichen Überfall. Touristen kommen per Boot oder über den bei Ebbe begehbaren »Pilgram's causeway« zu Fuß auf die kleine Insel, um den historischen Ort in seiner traumhaft schönen und naturruhigen Landschaft zu genießen.

Eine wurmartige Muschel – als Schiffsbohrwurm bekannt – bohrt sich mit ihrem schalenüberzogenen bis zu 20 cm langen Körper in das Holz von Schiffen, Pollern, Dalben und Treibgut. Der Schiffsbohrwurm liebt salzhaltiges warmes Wasser, was ihn aber nicht davon abhält, sich auch in der Ostsee heimisch zu fühlen. Zum Schutz vor Befall werden wasserausgesetzte Holzteile mit Holzschutzmittel imprägniert oder mit Schutzschichten aus Metall oder Kunststoff überzogen.

den Ausgrabungen im dänischen Roskilde-Fjord haben sich unsere Kenntnisse darüber exponenziell erweitert. Dort sind bislang unbekannte Schiffstypen entdeckt geworden, die unser Bild auch hinsichtlich der Funktionsweisen und Reichweiten der Schiffe enorm bereichern.

Grundsätzlich gibt es verschiedene Schiffstypen bei einem gleichbleibenden, auf eine und dieselbe Weise konstruierten Grundmuster. Das konkrete Aussehen hängt davon ab, wofür das Schiff genutzt wird. Schiffe werden zweckgebunden gefertigt. Aus der schriftlichen Überlieferung sind »snekkja« bekannt, ein kleines Kriegsschiff, sowie »knorr/knarr«, ein kleines bauchiges Lastschiff zum Transport von Fracht.

Trotz dieser Berichte ist aus den Schriftquellen grundsätzlich nur wenig und nur Indirektes erfahrbar. Manches lässt sich erschließen, so etwa auch, dass die Schiffe in ihrer Bauweise und Handhabbarkeit der Landschaft angepasst sind. Sie sind beispielsweise mit so geringem Tiefgang ausgestattet, dass sie auf flache Strände hinaufgesegelt werden können.

Das »Gedächtnis« eines Baumes befindet sich im Stamm. Die hier ausgebildeten Jahrringe speichern wie in einem sorgfältig angelegten Archiv die Informationen über Wetter und Klima seines Standortes. Die individuelle Jahrringfolge eines Baumes für einen Zeitraum von mindestens 30 Jahren lässt sich nutzen, um das Jahrringmuster in eine überregionale Kurve einzuhängen und so das Fälldatum des Holzes zu bestimmen.

Überfall auf Lindisfarne

Dies belegt eine historisch bezeugte Begebenheit an der Küste Northumbriens. Dort im Nordosten Englands liegt die kleine Insel Lindisfarne. Mal sanft und gutmütig, mal tosend und brausend umspült sie das Wasser der blautürkisfarbenen Nordsee. Auf ihr befindet sich die Ruine eines Klosters, weshalb die Insel seit dem 11. Jh. als »Holy Island« bezeichnet wird. Die

Oben: Insbesondere das Klosterleben ist von einem wiederkehrenden Tages- und Jahreszeitenrhythmus bestimmt, der jedem Einzelnen eine feste, Sicherheit bietende Struktur im Leben vorgibt. Die sichtbare Zugewandtheit zu Gott bedeutet immer auch Wissen um die Endlichkeit der Menschen und Menschlichkeit auf Erden. Der Überfall auf das Kloster Lindisfarne wird von den überraschten Mönchen als Teil des apokalyptischen Szenarios und somit auch als Strafe Gottes gedeutet.

Rechts: Wie einschneidend der Überfall auf das Kloster Lindisfarne für die dort ansässigen Mönche gewesen sein muss, belegt der »Lindisfarne Stone«, der auch als »Viking Domesday Stone« bezeichnet wird. Die auf dem Stein Dargestellten schwingen Waffen über ihren Köpfen. Wenn dies »Wikinger« sein sollen, die 793 das Kloster überfallen, wird einmal mehr deutlich, dass der Hörnerhelm in dieser Zeit keine Rolle spielt.

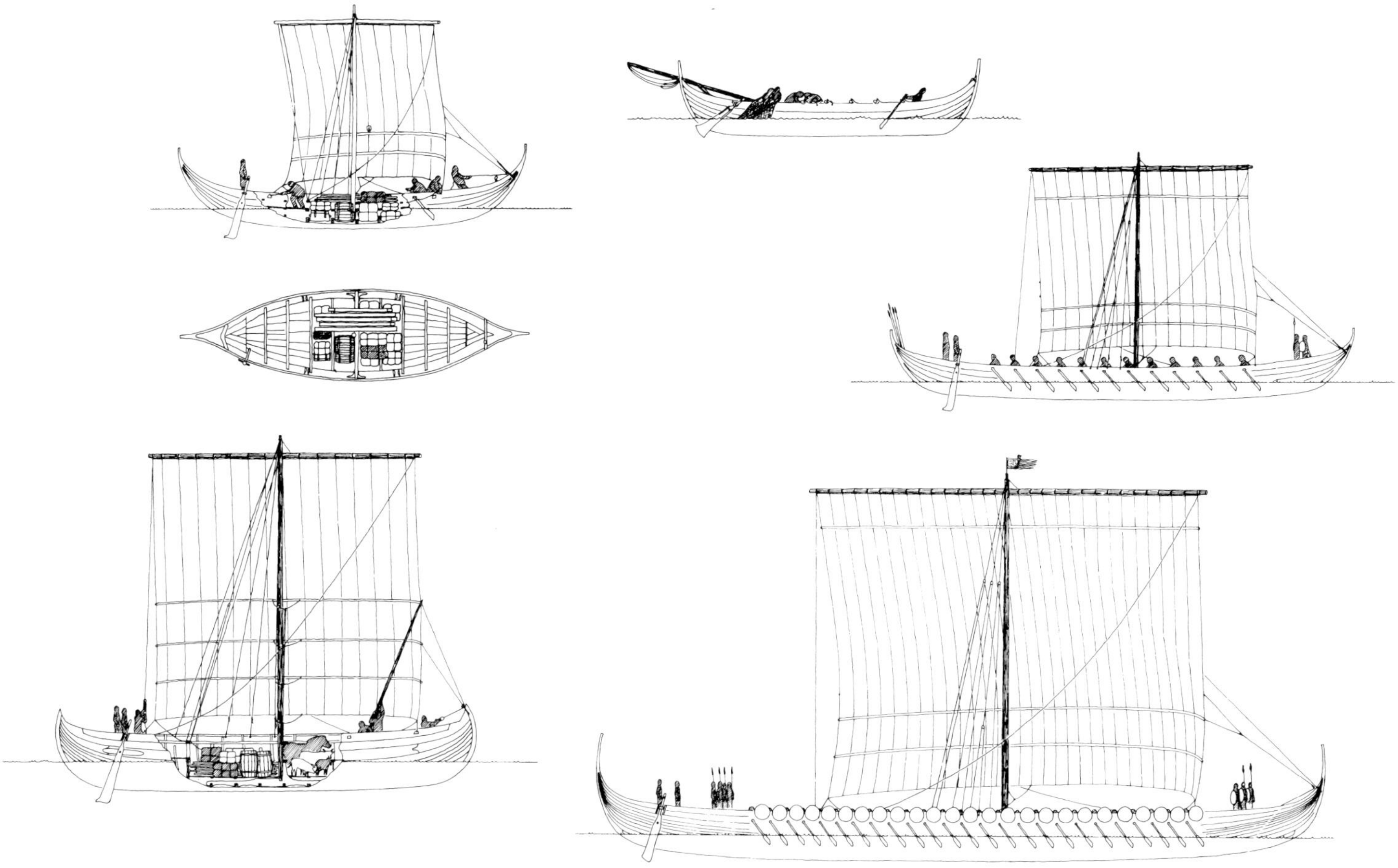

Die im Roskilde-Fjord gefundenen fünf Schiffe zeigen das große funktionale Spektrum von Schiffen auf, die für Kriegs- und Handelszwecke in der späten Wikingerzeit genutzt werden. An keinem anderen Ort sind bislang so viele Informationen zur maritimen Schifffahrt dieser Epoche gefunden worden wie im Roskilde-Fjord. Damit gehört dieser Fundort zu den bedeutendsten archäologischen Fundstellen weltweit.

rund 1 km vom Festland entfernte Insel ist über einen ausschließlich bei Ebbe begehbaren Weg erreichbar, der heute als »Pilgram's Causeway« bekannt ist.

Das 635 gegründete Kloster Lindisfarne geht durch ein einschneidendes Erlebnis im Jahr 793 in die Geschichtsschreibung ein. Der Mönch Alkuin berichtet von einem Überfall von See her und von den leidvollen Folgen für die Bewohner des Klosters. Im Norden und Osten bietet die Insel durch eine unzugängliche felsige Küste von See her Schutz. Doch im Süden findet sich ein flacher Strand, der ideal ist, um flache Boote und Schiffe bei geringer Zuladung rasch und unkompliziert anzulanden. Diese Situation wissen die Wikinger zu nutzen. Heute erzählt die bildliche Darstellung eines Überfalls auf dem als »Lindisfarne Stone« oder auch »Viking Domesday Stone« bezeichneten Stein von diesem für die Bevölkerung dramatischen Erlebnis.

Schutz gegen Angriffe von See

Je nachdem, wie groß ein Schiff ist, wie Mast und Segel beschaffen sind und inwieweit der Betrachtende von Land aus erhöht steht oder sich auf Seehöhe befindet, sind Schiffe in unterschiedlich weiter Entfernung wahrnehmbar. Geht man davon aus, dass das Gokstad-Schiff mit seinem Mast etwa 12,5 m über Seehöhe misst, kann ein ca. 1,5 m über Seehöhe stehender Mensch das Schiff in etwa 10,2 nautischen Meilen (= 18,8 km) von Land aus sehen. Wenn man auf einer Höhe von 120 m über Seehöhe steht, ist das Schiff bis auf eine Distanz von 29,4 nm (= 54,5 km) wahrnehmbar.

Sicherlich hängt all dies stark von den Wetterbedingungen ab. Dennoch muss man davon ausgehen,

Riemen ermöglichen die Fortbewegung eines Wasserfahrzeuges durch Muskelkraft, unabhängig vom Wind. Damit sind Riemen auch dann wichtig, wenn der Wind als Hauptantriebsmittel dient. Insbesondere in engen Flussmündungen und Buchten bedarf es darüber hinaus der Navigationsmöglichkeit durch den Einsatz von Riemen.

dass es entlang der Küste vermutlich viele Ausguck- und Wachtposten gibt.

Nicht nur die Mönche im heutigen England, sondern auch die Wikinger im heutigen Dänemark müssen und wollen sich vor Angriffen von der Wasserseite her schützen. Im Roskilde-Fjord baut man in den 1060er Jahren unter Wasser eine Installation aus insgesamt fünf ausgedienten Wracks, welche die Schiffe zum Drosseln ihrer Geschwindigkeit zu Kontrollzwecken anhalten soll. Dazu versenkt man direkt in der Fahrrinne zunächst zwei Handelsschiffe und ein Kriegsschiff sowie in den 1070er Jahren dann zusätzlich ein Lang- und ein Transportschiff.

Es ist ein großes Glück, dass diese Schiffe im Laufe der Zeit offensichtlich vergessen und dann zunächst nicht wieder geborgen werden. Nur deshalb sind sie überliefert und zeigen die große Varianz an Schiffstypen in der Spätwikingerzeit auf. Die meisten datieren zwischen 1030 und 1050.

Innovative Technologie von hohem Wert

Infolge experimenteller Untersuchungen wissen wir heute, dass wikingerzeitliche Schiffe eine der fortschrittlichsten Technologien ihrer Zeit sind. Sie bringen ihren Nutzern viele Vorteile: Sie sind so konstruiert, dass sie nicht nur schnell sind, sondern auch in sehr flachem Wasser gesegelt und bei geringer Zuladung auf den Strand gefahren werden oder im Wattenmeer bei Ebbe trockenfallen können. So ist eine gesonderte Befestigung von Hafen- und Anlandeanlagen nicht notwendig.

Die mit Riemen ausgestatteten Schiffe können auch in engen Flussmündungen, in Seeschlachten oder selbst dann gut gesteuert werden, wenn es darum geht, schnell und auf kleinem Raum zu navigieren. Bei schwerer, voller Beladung ankern die Schiffe in Strandnähe. Das Be- und Entladen erfolgt mithilfe kleinerer Boote, die im Flachwasser zwischen Wasserfahrzeugen und Land verkehren.

Mit dem Einzug quantitativer Methoden in die archäologische Arbeitsweise geht es seit den 1960er Jahren zunehmend darum, Dinge und Sachverhalte, Mengen und Umfänge messbar zu machen. Dazu gehört insbesondere auch die Ermittlung der eingesetzten Ressourcen, des Energieaufwands und der investierten Arbeitszeit. Durch den Einsatz quantitativer Methoden ist es möglich, den Aufwand und den daraus abzuleitenden Wert eines Produkts wenigstens annäherungsweise zu bestimmen. So zeigt der in die Herstellung von Segeln investierte personelle, finanzielle und zeitliche Aufwand, dass ein Segel sowohl hinsichtlich seines Fertigungsaufwands als auch hinsichtlich seiner Funktion annähernd denselben Wert hat wie das Schiff selbst.

Lernen über Erfahrung

Die Wikinger segeln sehr lange Distanzen und überqueren den Atlantik ohne vermessene Seekarte und ohne magnetischen Kompass. Sie nutzen mehrere navigatorische Hilfen, darunter ihr Wissen über die Umwelt, das Verhalten von Wind und Wellen, die Navigation nach Sternen, Wolkenformationen, Strömungen, Landmarken und Vögeln. Hierin unterscheidet sich die Wikingerzeit nicht von anderen Zeiten und Räumen, in denen man durch Ausprobieren Erfahrungen sammelt, um sich seine Umwelt zu erschließen.

Das in den folgenden Kapiteln zusammengestellte Wissen basiert auf ganz unterschiedlichen, einander ergänzenden Quellen. Es ist die Grundlage für unsere zeit- und raumgebundene Interpretation der Wikingerzeit und ihrer Schiffe. Während dieses Wissen veränderlich ist, sind es insbesondere die Dokumentation der Fundzusammenhänge und die Funde selbst, die es zu bewahren gilt. Denn während sich die Untersuchungsmethoden und Interpretationsansätze im Laufe der Zeit ändern, sind es doch die Quellen, die unwiederbringlich sind.

Blitzschnell: Schiffstypen

Wie viele Schiffe es in der Wikingerzeit gegeben hat, lässt sich heute nicht mehr feststellen. Das liegt vor allem an der generell schlechten Überlieferung und auch daran, dass sich viele Funde zeitlich nicht einordnen lassen. Doch es müssen viele gewesen sein.

Betrachtet man die Verteilung heutiger Orte, ist weltweit eine sehr enge Bindung der Siedlungen an die Küsten und Wasserwege zu bemerken. Skandinavien verfügt über zahlreiche Inseln, Buchten und Binnenwasserwege. Hier kommt man nicht umhin, wassernah zu siedeln. Im Umkehrschluss ist der geschützte Zugang zum Meer attraktiv für die Ansiedlungen. Wasser stellt für Mensch und Tier eine lebenswichtige Ressource dar. So konzentrieren sich auch in der Wikingerzeit die Orte nicht etwa in Wäldern oder auf Bergen, sondern entlang von Wasserläufen und Küsten.

Ökonomie und Machtpolitik

Die Nutzung des Meeres zählt zu den menschlichen Grundkonstanten. In Schiffen und Schiffstechnologien manifestiert sich die Nutzung von Küstengewässern und Meeren sowie dem Ozean durch den Menschen. Diese war und ist seit jeher sowie in besonderem Maße von existenziellen Bedürfnissen geprägt. Schiffe und Schifffahrt bewegen sich dabei stets

Die Nachbauten der »Wikingerschiffe« sind auch für heutige Betrachter beeindruckend und formschön. Die Wirkung der Schiffe zur Wikingerzeit muss ähnlich gewesen sein. Oder waren diese damals einfach »normal«?

in einem Spannungsfeld zwischen Mensch, Technik und Umwelt.

Ausschließliche Vergnügungsfahrten, die durch entsprechende Benennung in einen Sinnzusammenhang mit den Wikingern gestellt werden, sind erst seit dem späten 19. Jh. bekannt. In der Wikingerzeit spielen sie keine eigenständige Rolle, selbst wenn das Segeln sicherlich auch in der Wikingerzeit Vergnügen macht – dies jedoch als sekundärer Effekt.

Es scheint zwei Beweggründe für den Bau und die Benutzung von Schiffen gegeben zu haben: ökonomische und machtpolitische Erwägungen. Beide sind für die gesellschaftliche Entwicklung prägend. Entsprechend groß ist die Diversität der beteiligten Personengruppen: Händler suchen neue Geschäftsgelegenheiten, Bauern vielleicht besseres Land, Krieger und politische Repräsentanten versuchen im damaligen Machtgefüge, ihre Interessen zur See zu behaupten.

Die Schiffe dienen dem Transport von fernen Handelswaren ebenso wie dem raschen und überraschenden, zunehmend koordinierten Truppentransport. Auch Pferde werden auf den Schiffen befördert. Folge dessen sind Migrationsbewegungen in angrenzende Gebiete, Austausch von Waren, Ideen und Menschen sowie Krieg. Durch Fischfang und Überfälle meint man, zu schnellem Reichtum zu gelangen. Die ungeschützten Klöster mit ihren Schätzen sind hierbei von besonderer Anziehungskraft. Es locken Handelsgewinne und Ressourcen sowie der Zuwachs an Macht. Emigranten versprechen sich am Ende einer Seereise ein besseres Leben, Pilger ewiges Leben nach dem Tod. Sklaven allerdings werden weder nach ihren Interessen befragt noch können sie sich den Wunsch nach einem besseren Leben erfüllen.

Auch wenn existenzielle und alltagspraktische Beweggründe in vielen Fällen für die Nutzung der Meere und des Ozeans ausschlaggebend sind, scheinen diese doch immer auch mit Neugier, Fernweh, Sehnsucht, Wettbewerb, Abenteuer- und Entdeckerlust verbunden zu sein. Auf diese Triebkraft und Motivation setzen nicht zuletzt auch Tourismus und Reisebranche und nutzen diesen kleinsten gemeinsamen Nenner mit den Wikingern für ihren Vorteil.

Von kleinen Booten zu spezialisierten Frachtschiffen

Von den weiten Reisen und gefahrenvollen Situationen künden die vom 9. bis 11. Jh. errichteten, aufrecht stehenden, mit Runen verzierten Steine, die an Verstorbene oder Gefallene erinnern. Sie lassen auch der eigenen Leistungen gedenken, die auf den Fahrten unterwegs erbracht werden, z. B. in der Kiewer Rus, im Byzantinischen Reich oder in England.

Träger der Mobilität sind Boote und Schiffe. Beide Begriffe werden im allgemeinen Sprachgebrauch synonym verwendet. Fachsprachlich unterscheidet man u. a. nach Anzahl der Masten, Höhe der Bruttoregistertonnen oder Rang und Größe der Besatzung. Im Folgenden werden das Kriterium der Größe und das Vorhandensein eines Decks zugrunde gelegt.

Für die Wikingerzeit nimmt man an, dass es eine Vielzahl kleinerer Wasserfahrzeuge gibt, das heißt Boote ohne Deck mit einer unterschiedlich hohen Anzahl an Ruderern für diverse küstennahe Einsatzzwecke: zum Transport von Vieh, Ernte und Personen aller Art oder zum Fischen. In Meerengen werden auch flachbodige Fähren und Prähme gebraucht, wie sie beispielsweise aus Haithabu nahe der heutigen Stadt Schleswig überliefert sind. Mit Booten und Schiffen gelangt man auch zu Märkten oder Festen in küstennah gelegenen zentralen Orten, um dort Vergnügungen beizuwohnen oder Rituale abzuhalten.

Einbäume und speziell auf Flüssen verwendete Wasserfahrzeuge kommen ebenfalls zum Einsatz. Diese sind so leicht gebaut, dass sie an entsprechenden Stellen über Land getragen werden können. Sie dienen dem küstennahen und flussbezogenen Gebrauch von vielerlei: dem Transport von Waren und Menschen zu Handelszwecken oder zur Ressourcennutzung. Die Vielfalt ist groß.

In den historischen Quellen finden sich verschiedene Typenbezeichnungen, die im Laufe der Forschungsgeschichte mit den archäologischen Funden in Beziehung gesetzt werden. Dies birgt methodische Schwierigkeiten, da die Beschreibungen der Schiffe zu vage und die archäologisch überlieferten Schiffe so eigen sind. Zunächst gibt es unspezialisierte Fahrzeuge. Erst im 10. Jh. kommt es zum zweckgebundenen Gebrauch und Bau der Schiffe. Jetzt werden größere und primär zum Segeln verwendete Schiffe gefertigt.

Die frühesten uns bekannten Schiffe der Wikingerzeit – aus Oseberg und Gokstad – werden wahlweise gerudert oder gesegelt. Es handelt sich um unspezialisierte Fahrzeuge. Spezialisierte Frachtschiffe hingegen sind erst ab dem späten 10. Jh. bekannt. Mit der Zunahme an Schiffstypen wachsen sie in ihrer Größe an. Grund dafür sind sowohl der steigende Transport von Massengütern als auch die häufigeren Fahrten auf die nordatlantischen Inseln.

Die zunehmende Größe der Schiffe dürfte auf eine erhöhte Nachfrage – bei verbesserter Schiffstechnologie, basierend auf Erfahrungen und installierten Sicherheitsvorkehrungen – zurückzuführen sein. Sie steht aber auch in Wechselwirkung mit dem sukzessiven Ausbau befestigter Anlegestellen. Im Hafen von Haithabu ist dies aufgrund sorgfältiger Analysen der dendrodatierten und stratigrafisch erfassten Hölzer deutlich nachzuvollziehen. Hier sieht man, wie die Schiffsgrößen sowie Nutzung und Nutzbarkeit von Siedlungs- und Hafenentwicklung in direktem Zusammenhang stehen. Allerdings sind die Datierungen und Wechselbeziehungen von Schiffsgrößen, in den Hafensiedlungen umgeschlagenen Transportmengen, Größe der Siedlungen und Ausbaustufe der Häfen in ihren Abhängigkeitsrichtungen nicht fassbar.

Reges Treiben im Hafen

Menschen mit verschiedensten Aufgaben und Interessen kommen am Hafen zusammen – besonders im Sommer, also während der für die Schifffahrt guten Jahreszeit. Es gibt viel zu tun. Schiffe müssen be- und entladen, Waren vom Ufermarkt ins Binnenland transportiert und Schiffe repariert werden. Zur Versorgung der Mannschaften bietet die einheimische Bevölkerung Nahrung an, vielleicht auch Kleidung und Werkzeug. So treffen sich in den Häfen und Landeplätzen Einheimische und Fremde, jene, die in den Fahrten mit den Schiffen ihren Vorteil sehen und jene, die davon profitieren, die Schiffe und ihre Besatzungen mit Waren und Dienstleistungen zu versorgen.

In den Häfen treffen auch unterschiedliche Ideen und Einstellungen, Traditionen und Rituale zusammen. Archäologisch findet dies in Form von kreuz-, hammer- und tierförmigen Amuletten seinen lebensbegleitenden Ausdruck. Die durch bestimmte Gesten, Handlungen, Worte und Gesänge als Glaubensgemeinschaft identifizierten Personengruppen bedeuten für die einen Vertrautheit, für die anderen Fremdheit. Die christliche Glaubensgemeinschaft wird durch in den Handelsplätzen errichtete Kirchen unterstrichen. Jüngst machte die mittelschwedische Insel Birka auf sich aufmerksam, da dort ein Hausgrundriss nicht nur mit einem als Kirche interpretierten Gebäude in Zusammenhang gebracht wird, sondern noch dazu unerwartet alt ist.

Das bunte Bild des Hafens steht sinnbildlich auch für Abschied, für sehnsuchtsvolles Hoffen auf ein glückliches Wiedersehen und für die Freude beim Heimkehren. Und wer freut sich nicht, wenn er längst vermisst geglaubte Anverwandte wiedersieht, wenn er hoffnungsfroh in See sticht und an exotische Waren gelangt, die einem innerhalb der eigenen Gruppe das Gefühl geben, etwas Besonderes zu sein?

Doch Angst, Schmerz, Hoffnung und Freude und somit Gefühle und Emotionen lassen sich – wenn überhaupt – lediglich indirekt aus den uns überlieferten archäologischen Überresten erschließen. In der Regel gelingt dies nur dann, wenn bestimmte gesellschaftliche Handlungsfelder als solche identifiziert werden. Dazu gehören Extremsituationen wie Bestattungen, Schiffsuntergänge und Kampfhandlungen, die sich im Grabbrauch, anhand von Schiffswracks oder an Waffenfunden ablesen lassen.

Wie werden sich die Mannschaften der wikingerzeitlichen Schiffe gefreut haben, die Hafenorte zu erreichen. Immerhin gibt es hier buntes Leben und Treiben, die Möglichkeit, sich mit frischen Lebensmitteln zu versorgen und vielleicht sogar das »Geschäft des Lebens« zu machen.

Helmtaucher benutzen Blei. In den 1950er Jahren wird dies vor allem an den Füßen getragen. Das Abtasten des morastigen Untergrundes im »Haddebyer Noor«, das der Siedlung Haithabu vorgelagert ist, lässt den Taucher dabei tief in den Untergrund einsinken. Die Arbeit ganz ohne Sicht 1953 zum Auffinden von Siedlungsspuren unter Wasser muss körperlich und seelisch herausfordernd gewesen sein.

Alltag im wikingerzeitlichen Hafenort Haithabu

Überreste des täglichen Lebens hingegen lassen sich in Siedlungsschichten oder im wasserseitigen Uferbereich erkennen, wie es besonders eindrucksvoll in Haithabu der Fall ist. Das Haddebyer Noor, eine in ihrem Rhythmus heute weitestgehend von der Natur bestimmte beschauliche Bucht, muss in der Wikingerzeit eine der meistbefahrenen Wasserflächen gewesen sein. An Land ist der halbkreisförmige Schutzwall um die einstige Siedlung zu sehen. Der Nachbau einer Landebrücke deutet den Hafen an, dessen Überreste unter der Wasseroberfläche liegen.

Über 60 Jahre ist es her, dass ein Helmtaucher ganz ohne Sicht im Haddebyer Noor nach den archäologischen Hinterlassenschaften des aus den Schriftquellen so bekannten wikingerzeitlichen Hafens sucht. Es muss mühsam sein, die tief in den weichen Untergrund einsinkenden Füße mit den schweren Schuhen aus Blei Schritt für Schritt voranzusetzen. Es ist eine körperlich anstrengende und psychologisch herausfordernde Aufgabe, so ganz ohne Sicht im moorigen Gewässer, ohne die gewohnten Orientierungshilfen zu agieren, insbesondere wenn die Luftversorgung von einem an die Oberfläche geführten Schlauch abhängt.

Für die Forschung zahlt sich der Aufwand aus. Auf begrenztem Raum stellt der Taucher senkrecht im Untergrund stehende Pfähle fest. Der Hafen ist lokalisiert. Doch wie sieht er in seiner Gesamtheit aus? Nicht einmal die verbesserten Foto- und Videotechniken unter Wasser können die Frage beantworten, da das Wasser so undurchsichtig ist. Daher entscheiden sich Forscher der Universität Kiel dazu, die unter der Wasseroberfläche liegenden Strukturen durch

bildgebende geophysikalische Prospektionsmethoden sichtbar zu machen. Mithilfe dieser Untersuchungen wird deutlich, dass es nicht nur ufernahe Landebrücken, sondern auch eine halbrunde Palisade im Vorfeld des Ufers gibt.

Parallel dazu arbeitet man im Archäologischen Landesmuseum auf Schloss Gottorf daran, das Areal der Landebrücken – wenigstens temporär – trockenzulegen, um diese wie bei einer Landgrabung auch »trockenen Fußes« freilegen zu können. Man folgt dort dem Vorbild der Grabung im Roskilde-Fjord. Zur Dokumentation und Bergung von Schiffswracks wurden hier zum ersten Mal im Rahmen einer archäologischen Ausgrabung Spundwände gesetzt und das Innere trockengelegt.

Nach vierzehnjähriger Vorbereitungszeit wird 1979 eine Spundwand im Haddebyer Noor installiert. Die Fundmenge ist derart groß und unerwartet vielfältig, dass das Spundwandareal 1980 erweitert wird. Es beinhaltet die bereits bekannten und daher zu erwartenden Pfahlsetzungen der Landebrücken. Darüber hinaus weist es überraschenderweise eine Vielzahl an Kleingegenständen auf. Sie müssen versehentlich beim Be- und Entladen der Schiffe oder beim Handel auf der Brücke ins Wasser gelangt oder absichtlich zur Vermeidung von Geruch entsorgt worden sein. Teergetränkte Lappen, mit denen Schiffswände abgedichtet werden, zahlreiche Tierknochen mit Schlachtspuren und zerscherbte Gefäße zeugen davon, dass das Hafenbecken auch dazu dient, sich nicht mehr gebrauchter oder brauchbarer Dinge zu entledigen. Eine wahre Fundgrube für Archäologen!

Bis hin zu kleinsten Fragmenten arabischer Silbermünzen finden sich viele unterschiedliche Objekte auf dem Grund des Haddebyer Noores. Ein Werkzeug zur Anfertigung sehr speziellen, aufwendig zu produzierenden Schmucks, der in seiner schönsten Form von der Insel Hiddensee stammt, und eine Seekiste zur Aufbewahrung persönlicher Dinge gehören zu den herausragendsten Gegenständen.

Als Massenprodukt hergestellter tierstilverzierter Bronzeschmuck erfährt aufgrund der weitreichenden Handelsfahrten sowie an unterschiedlichen Orten ausgeübter Kopiertätigkeit eine rasche und überregionale Verbreitung mit regionalen Modifikationen. Die Blütezeit der nordeuropäischen Mobilität im 10. Jh. spiegelt sich indirekt in der weiten Verbreitung der im Borrestil verzierten Objekte von Irland, Schottland und Wales bis nach Russland und Byzanz wider.

Nicht im Hafenbecken nachzuweisen sind die aus Schriftquellen bekannten Waren wie Felle von Zobel, Hermelin, Nerz, Marder, Fuchs und Bieber. Ein Gesandter namens Ahmad ibn Fadlan al-'Abbas ibn Rashid ibn Hammad berichtet in seiner Reisebeschreibung, dass Felle insbesondere in Mesopotamien zu den begehrten Waren aus dem Norden gehören. Angesichts der durchschnittlich hohen Temperaturen im

Um unter Wasser verborgene Strukturen zu erfassen, kommen Methoden der angewandten Geophysik ins Spiel. Von einem Messfahrzeug werden seismische Wellen ausgesandt, die das Relief des Untergrundes grafisch bzw. digital abbilden. Somit kann man unter Wasser liegende Strukturen in ihrer Form und Ausdehnung erfassen. Materialität und Funktion gilt es dann ggf. auch durch Ausgrabungen zu erschließen.

In regelmäßigen Abständen sind Pfahlreste in das wasserseitig vorgelagerte Areal von Haithabu gerammt. Es sind die Reste von Landebrücken, die in ihrer Größe im Laufe der Zeit immer weiter zunehmen. Neben den Pfahlsetzungen gibt es im Untergrund viele Objekte, die von den Landebrücken aus versehentlich verloren gingen oder sogar gezielt verklappt werden sollten.

Zur Anfertigung dieses aufwendig aus Pressblech hergestellten Goldschmucks mit feiner Draht- und Kugelauflage bedarf es sehr speziellen Werkzeugs, wie es in bisher größter Anzahl im Hafen von Haithabu gefunden wurde. Das Tragen dieses Schmuckes muss im 10. Jh. auch eine glaubenspolitische Haltung ausgedrückt haben. Immerhin sind hier Kreuze, Tierdarstellungen und Thorshammer miteinander verknüpft.

Nahen Osten mag dies zunächst verwundern. Letztendlich werden sie dort nicht aus der alltäglichen Notwendigkeit heraus getragen, sondern aufgrund ihres exklusiven Charakters als Luxusgut.

Und auch wenn sich weder Walrosselfenbein noch Honig, Wachs, Birkenrinde, Stockfisch oder Bernstein im Hafen von Haithabu findet, spielen gerade diese Gegenstände eine Rolle als gefragte Handelswaren.

Mit wachsendem Transportvolumen und zunehmenden Schiffsgrößen verändern sich dann auch die Anlegestellen. Regelrechte Kaianlagen gibt es erst ab der zweiten Hälfte des 10. Jh., einhergehend mit dem Bau spezialisierter Handelsschiffe. Ausschlaggebend dafür ist ein zunehmendes Handelsvolumen der unter königlichen Schutz gestellten Seefahrt. Im Lauf der Zeit nimmt auch die Befestigungsstärke zu. Beispielsweise lassen sich in Haithabu eine Richtung Land halbkreisförmig gebogene Palisade und in deren Inneren große Brücken zum Be- und Entladen der Schiffe nachweisen. Der Archäologe Sven Kalmring legt für Haithabu die Hafenentwicklung vom Ufermarkt mit Schiffsländen hin zu Kaianlagen dar. Diese werden nicht nur zum Vertäuen von Schiffen, sondern auch zum Abhalten von Markt sowie als Stapelplätze genutzt.

Der über 80 m lange Teppich von Bayeux ist ein wunderbares Zeugnis aus dem 11. Jh., das die Farbenfreude und Erzählkunst im Frühmittelalter veranschaulicht. In mehreren gestickten Szenen wird deutlich, was Wilhelm der Eroberer alles mitnimmt, um in England erfolgreich zu sein. Dazu gehört auch der Transport von Pferden und Personen per Schiff.

In der Wikingerzeit ist es nicht üblich, mit Koffer zu reisen. Stattdessen bedient man sich hölzerner, mit einem Schloss zu sichernder Seekisten. Man kann darin nicht nur persönliche Dinge aufbewahren, sondern auch beim Rudern darauf sitzen.

Langschiff und Knorr

Trotz einer Vielzahl an Schiffen sind zwei Typen für den Küsten- und Seeverkehr von besonderer Bedeutung. Beide unterscheiden sich in der Wikingerzeit in ihrem Einsatzzweck und somit in ihrer Form und Ausgestaltung grundlegend voneinander: einerseits das Langschiff, das als Kriegsschiff und für den Truppentransport eingesetzt wird, und andererseits der Knorr, der – breiter und hochbordiger als das Langschiff – als Handels- oder Lastschiff und im Zusammenhang mit der Migration zum Transport von Waren, Menschen, Baumaterial und Vieh Verwendung findet. Es fährt fast ausschließlich unter Segel, weshalb es nur über wenige Riemenpaare zum Rudern und Manövrieren verfügt.

Beide Typen werden mithilfe eines Segels, das heißt durch Windkraft angetrieben. Folge dessen ist ein bisher unbekanntes Maß an Mobilität, was kulturellen Austausch befördert. Doch trotz Einführung des Segels bleiben die Ruder unter bestimmten Bedingungen in Gebrauch, hauptsächlich dann, wenn es darum geht, das Schiff im Hafen oder bei Windstille navigieren zu können.

Das Langschiff zeichnet sich durch eine schlanke, schnelle Form aus und dadurch, dass es sowohl gerudert als auch gesegelt werden kann. Das mit 30 m Länge größte bekannte Langschiff stammt aus Roskilde (Skuldelev 2).

Langschiffe werden vor allem für Truppenbewegungen eingesetzt. Zu den wohl größten Transporten für Kriegszwecke zählt die auf dem Teppich von Ba-

Die norwegische Inselgruppe der Lofoten liegt bis zu 300 km nördlich des Polarkreises. Auch hier gibt es Spuren wikingerzeitlicher Besiedlung – wenn auch wenige. Die Sommernächte sind hell, im Winter ist es auch am Tage dunkel. Hier wird deutlich, wie stark saisonabhängig die Schifffahrt ist.

8,3 t. Mit Ausrüstung (6,4 t), Mannschaft (4,7 t), Verpflegung (1,5 t) und Ballaststeinen (3,6 t) wiegt das Schiff insgesamt 24,3 t.

Bei den Anlegestellen der Wikinger handelt es sich zumeist um »Naturhäfen«, das heißt um geschützte Areale im Fjordinneren oder in Buchten enger Wasserläufe im Schutze von Landzungen o. Ä. Heute sind sie nur indirekt anhand topografischer Anhaltspunkte zu rekonstruieren. Doch vor allem Küstengebiete unterliegen dem raschen Wechsel von Abbruch und Sedimentation, und je seltener und kürzer (z. B. ausschließlich zum Übernachten) ein Platz genutzt wird, desto schwieriger ist er archäologisch nachweisbar.

Ältester Augenzeugenbericht Skandinaviens

Welche Person welchen Schiffstyp aus welchen Gründen in welchem Gebiet gesegelt hat, ist uns nur in Einzelfällen und aus der historischen Überlieferung bekannt. Hier tritt uns für das 9. Jh. der Norweger Ottar entgegen, ein durch den Handel mit Fellen und Federn, Walknochen sowie aus der Haut von Walen und Robben hergestellten Seilen bekannter Kaufmann. Er ist Gast am Hofe König Alfreds des Großen in England, zu einem Zeitpunkt, als nach den schriftlichen Quellen die Überfälle auf die englischen Küsten ihren Höhepunkt erreichen. Ottar erzählt dem König von seinem Leben als Häuptling in Nordnorwegen und seinen Seereisen vom Arktischen Meer nach Dänemark. Für den englischen Hof ist dieser Bericht so ungewöhnlich und wohl auch merkwürdig, dass er aufgeschrieben und so zum ältesten Augenzeugenbericht Skandinaviens wird.

Erst für das 10./11. Jh. sind auf Runeninschriften Informationen über Schiffsbesitzer und personelle Zusammenschlüsse überliefert. Generell wird angenommen, dass der seewärtige Handel im skandinavischen Raum in der Hand des landbesitzenden Adels liegt; Schiff und Ware gehören derselben Person. Der Archäologe Anton Englert charakterisiert die Besitzer der Schiffe folgendermaßen: Einerseits kann es sich um einen als Schiffsführer auftretenden Schiffseigner handeln, unterstützt durch Mitglieder seines Haushalts, andererseits kann ein weltlicher oder kirchlicher Landbesitzer Schiffseigner sein, unterstützt durch die seinem Haushalt angehörenden, als Steuermann und Mannschaft fungierenden Personen.

Zwischen Heimat und Ferne

Ab dem 10. Jh. häufen sich die Fahrten. Es wird üblich, in den Sommermonaten auf »Viking« zu fahren, was im Begriff »fara í víking« zum Ausdruck kommt. Für die Wikingerzeit betrifft dies nur die Personen, die mit ihren Schiffen mobil sind. Heute wird die Bezeichnung »Wikinger« für alle damals in Nordeuropa in besagtem Kulturkreis lebenden Personen gebraucht.

Da die Fahrten offenbar saisonal und in den Sommermonaten stattfinden, gibt es in Norwegen extra für die Schiffe errichtete Gebäude, die so genannten Nauste. In einem Naust werden Schiffe gelagert und ausgebessert. Entsprechende Überreste dieser speziellen Bauten finden sich in Küstennähe – dort, wo die Schiffe vergleichsweise einfach auf das flache Ufer hinaufgezogen werden können, ohne dass es eines extra angelegten Hafens oder sonstiger Infrastruktur bedarf.

In der um 1300 verfassten Orkney-Saga wird das Jahr von Svein Asleifarson zwischen Heimat und Ferne beschrieben. Er verbringt seine Winter zu Hause. Bevor er zu seiner »Frühlingsfahrt« aufbricht, bringt er seine Saat aus. Kurz nach Mittsommer kommt er zurück, um seine Ernte einzuholen. Anschließend tritt er seine »Herbstfahrt« an. Davon kehrt er erst zurück, nachdem der erste Monat des Winters verstrichen ist. Offensichtlich werden zwei Fahrten zwischen April und Oktober – wenn es im Sommer mehr als 15 Stunden hell ist – als Saisongeschäft von denjenigen unternommen, die eigentlich Bauern sind. Zur Mittsommerzeit beträgt die nächtliche Dunkelheit lediglich 4,5 Stunden.

Zunächst sind es einzelne Fahrten, schließlich längere Aufenthalte, manchmal dauerhafte Migrationen. Dies lässt sich den schriftlichen Quellen entnehmen, wenngleich spärlich und ausschnitthaft. Zu den ersten Überfällen gehört der auf das Kloster im nordostenglischen Lindisfarne 793. Hier hinterlassen die Wikinger einen bleibenden Eindruck im kollektiven Gedächtnis. Zu einer längeren Besiedlung hingegen

Alfred der Große in England lässt sein Konterfei auf Münzen abbilden. Er will in und von der Welt gesehen werden. Gleichzeitig interessiert er sich auch dafür, was in anderen Teilen der Welt geschieht und wie es dort aussieht. Somit lauscht er wohl mit großem Interesse dem, was ihm Ottar von seiner Reise berichtet.

Wikinger entdecken vor mehr als 1000 Jahren Nordamerika. Sie sind von Europa aus die ersten und bezeichnen das für sie neue Land als »Vinland«. Die Topografie im heutigen Neufundland mit flachen Stränden lässt die Boote leicht anlanden. Auch die Dünen erinnern an Dänemark.

kommt es in dieser Zeit im heutigen England nicht. Rund 50 Jahre später (841) überwintert eine Wikingerflotte im irischen Dublin, wo eine permanente Siedlung eingerichtet wird. Und 965 landet der erste Teil des großen Heeres der Dänen in Ostengland, was zur Einnahme von York führt.

In Abhängigkeit von der Entwicklung der Schifffahrtstechniken, der mündlichen Tradierung von Routen und Erfahrungen im Bereich der Navigation wird der Radius der Schiffe größer. Im Jahr 870 besiedeln hauptsächlich aus Norwegen stammende Wikinger Island. Ende des 10. Jh. wird Grönland durch Erik den Roten erstmals bewohnt. Bis im Jahr 1000 hat einer seiner Söhne, Leif Eriksson, Nordamerika erreicht und Vinland entdeckt.

All dem scheint das in der Wikingerzeit vergleichsweise milde, mit den heutigen Gegebenheiten vergleichbare Klima zuträglich zu sein. Erst mit Einbruch einer Kälteperiode im 14. Jh. werden die damals jüngst besiedelten Gebiete wieder verlassen.

Der Bau von Schiffen erfordert viele Kenntnisse rund um den Wuchs von Bäumen und die Bearbeitung von Holz. Bei der Auswahl des Holzes im Wald werden bereits grundlegende Qualitätsentscheidungen getroffen. Für die Wikingerzeit ist die Axt das wichtigste im Schiffbau verwendete Werkzeug.

Erstklassig: Schiffbau

Ein Schiff zu bauen ist ein fortlaufender sozialer Prozess, bei dem Konzepte, Methoden, Techniken und Innovationen ausprobiert, verworfen, modifiziert und umgesetzt werden. Das Wissen wird von Generation zu Generation weitergegeben.

Aufgrund des wachsenden Bedarfs an Schiffen wird das handwerkliche Know-how in beschleunigter Weise transferiert. Die Schiffe haben sich den im Laufe der Wikingerzeit veränderten Anforderungen immer weiter angepasst und in ihrer Größe und Funktion ausdifferenziert. Dabei geht es stets darum, das optimale Verhältnis von Schiffslänge und Segelfläche zu bestimmen, was nicht zuletzt durch naturräumliche Gegebenheiten bedingt ist. Wellen, Wind und Strömung unterscheiden sich in den verschiedenen Gewässern, allein schon in Nord- und Ostsee. Dennoch bleibt die Grundkomposition der Schiffe stets gleich. Sie zeichnet sich durch eine flexible schmale Rumpfform aus, durch geringen Tiefgang, geraden Kiel, hochgezogene Steven an Bug und Heck sowie einen schnell niederlegbaren Mast. Wikingerzeitliche Schiffe haben ein relativ niedriges und brei-

Das Steuerruder dient zur Richtungsänderung eines Schiffs und zur Beibehaltung des eingeschlagenen Kurses. Der Verlust des Steuerruders bedeutet Manövrierunfähigkeit. Deshalb ist von einem achtsamen Gebrauch auszugehen. Möglicherweise wird ein zweites Ruder als Ersatz mitgeführt.

Im Wikingerschiffsmuseum Roskilde baut man nicht nur Schiffe nach, sondern auch wikingerzeitliches Werkzeug. Dieses wird zum Nachbau der Schiffe eingesetzt. Nur so ist ein annähernd authentisches Ergebnis möglich.

tes Segel, das wegen des zur Länge vergleichsweise geringen Tiefgangs und des geringen Freibords niedrig angesetzt ist. Ansonsten würde das Schiff instabil. Proportional entspricht die Höhe des Segels in etwa der Hälfte seiner Breite.

Der nach der Invasion durch die Normandie (1066) in England gefertigte, heute noch rund 70 m lange Bildteppich von Bayeux zeigt auf, welche Schritte zum Bau und zur Inbetriebnahme von Schiffen im 11. Jh. notwendig sind. Aufgrund seiner objektbezogenen Detailfreudigkeit gilt der aus farbigem Wollgarn bestickte Teppich als eine der wichtigsten Quellen zu Schiffbau und Seefahrt in der Wikingerzeit, wenngleich viele der gezeigten Handlungen und Realien bereits durch das christliche Mittelalter geprägt sind.

Die Bildergeschichte kontextualisiert und kommentiert Handlungen und Gegenstände in 58 Szenen, darunter zehn mit Schiffen. Diese stehen insofern in skandinavischer Tradition, da ein Teil der Normandie im 9. Jh. bereits von Wikingern besiedelt wird. Die für Truppen- und Pferdetransporte genutzten Schiffe zeichnen sich durch geklinkerte Bordwände und spitz zulaufende Enden mit hohen Steven aus, durch seitlich angebrachte Ruder, viereckige Rahsegel und einen im Vergleich zur Länge niedrigen Tiefgang, sodass es ihnen unkompliziert möglich ist, am flachen Ufer anzulanden.

Das Schiff wird mit einem auf der rechten Seite – der Steuerbordseite – angebrachten Steuerruder gelenkt. Backbord steht für die Seite, die der Steuermann im Rücken hat, zurückzuführen auf das englische Wort »back« oder das skandinavische »bak« für »Rücken«. Und so gehen die heute noch gültigen Bezeichnungen »Backbord« und »Steuerbord« auf die Wikingerzeit zurück. Steuerbord ist die rechte, Backbord die linke Seite.

Großer Aufwand bis zum fertigen Schiff

Der Auswahlprozess für das zu verbauende Holz beginnt bereits im Wald, wobei unklar ist, wie Wald in der Wikingerzeit bewirtschaftet wird, unter wessen Kontrolle er steht und wer über das Fällen der Hölzer entscheidet. Für den Schiffbau werden gewachsene Hölzer ausfindig gemacht, die den herzustellenden Formen möglichst gut entsprechen. Astgabeln beispielsweise werden als Spantkomponenten verwendet. Mithilfe von langschäftigen Äxten werden der Baum gefällt, Äste entfernt und das Holz mit Keilen gespalten. Das Zurechthauen des Holzes zu Planken erfolgt mit der Axt, das Glätten der Planken mit der Breitaxt, die durch eine äußerst lang ausgezogene Schneide gekennzeichnet ist. Erst dann wird das entsprechend ausgewählte und vorbereitete Holz zum Bauplatz verbracht.

Sägen kommen im nordeuropäischen Schiffbau erst ab dem 13. Jh. zum Einsatz. Beim Sägen wird die natürlich gewachsene Richtung der Fasern auf Kosten von Stabilität und Elastizität des Holzes zerstört. Mit der Axt gespaltenes Holz hingegen ist sehr belastbar, da die Spaltung der Maserung folgt. Überdies schrumpft oder verzieht es sich nicht beim Trocknen. Zur Bearbeitung des Holzes für wikingerzeitliche Schiffe werden relativ leichte Werkzeuge verwendet, da man nicht, wie in späteren Epochen üblich, das Holz lange Zeit nach dem Fällen ablagern lässt. Noch frisches Holz wird verbaut.

Im schiffbaren Wasserlauf Fribrødre Å auf der dänischen Insel Falster werden im Ufer eingelagert zahlreiche Teile von Schiffen, Werkzeugen und Abfallhölzern gefunden. Es scheint sich um einen Hafen zu handeln, in dem man vor allem Schiffe repariert, aber auch neue baut. Daher kennen wir die bei Schiffbau und Reparatur verwendeten Werkzeuge wie Äxte, Hobel, Schaber, Meißel und Löffelbohrer.

Zuerst wird die Außenschale des Schiffsrumpfs aus einander überlappenden Planken gebaut. Als Rückgrat dient der durchgehende Kiel. Dort hinein kommen die Spanten. In der Regel wird Eichen- oder Kiefernholz verwendet. So entsteht ein Fahrzeug mit starker und stabiler sowie gleichzeitig leichter Außenhaut. Die getreppte, überlappende Plankenkon-

struktion des Rumpfs bewirkt darüber hinaus den Effekt, wie er von Tragflügelbooten bekannt ist: Je schneller sich der Rumpf durch das Wasser bewegt, desto höher hebt er sich daraus hervor. Dies reduziert den Zug und erhöht nochmals die Geschwindigkeit.

Leichtere Schiffe sind nicht nur auf dem Wasser schneller, sie können auch einfacher zwischen den Flüssen über Land transportiert werden. Dieser Aspekt ist vor allem mit Blick auf die Handelsrouten wichtig, die in der Wikingerzeit bis nach Russland und zum Schwarzen Meer sowie in den Mittleren Osten eingerichtet werden.

Größe und Ausstattung der Schiffe – auch hinsichtlich ihres farbenfrohen und kunsthandwerklichen Dekors – stehen in Abhängigkeit zum Status des Besitzers bzw. Auftraggebers.

Die Abbildung zeigt den für wikingerzeitliche Schiffe typischen Aufbau mit geklinkerten, das heißt dachziegelartig überlappenden Planken und quer zur Fahrtrichtung angebrachten Spanten. Die maßstäblich eingebrachten Personen veranschaulichen, wie flach die seitlichen Bordwände und wie hoch aufragend die Steven sind. Ebenfalls zu sehen sind die Pallhölzer, das heißt das Stapelholz, mit dem das Schiff auf dem Trockenen abgestützt wird.

Glückliche Umstände trugen dazu bei, dass das hier abgebildete Holzstück aus dem norwegischen Bergen überliefert ist. Es weist Einritzungen auf, welche die Vorder- und Achtersteven von Schiffen darstellen. Manche sind mit Drachenköpfen, manche mit Wetterfahnen versehen.

Im Wikingerschiffsmuseum Roskilde werden Objekte nachgebaut und um Elemente ergänzt, die archäologisch nicht überliefert sind. Die durchbrochenen Wetterfahnen sind zumeist nur als metallene Bleche erhalten, die an ihrem unteren Rand regelmäßig angebrachte Durchbohrungen aufweisen. Hier sind kleine Klapperbleche befestigt. Denkbar wären auch lange Bänder, die im Wind flattern. Bewegung und Geräusche sollten möglicherweise apotropäische Wirkung entfalten.

Neben Holz gehören Eisennieten zu den wichtigen und wesentlichen Bestandteilen der Schiffe. Sie werden geschmiedet und verbinden Spanten und Planken. Am Strand gefundene Nieten können darauf hinweisen, dass dort ein Schiff gestrandet ist oder niedergelegt bzw. repariert wurde.

Kunstvoll und praktisch

Die Arbeiten für den Bau der Schiffe werden von einem »Stafnasmiðir«, das heißt einem Schiffbaumeister koordiniert und überprüft. »Stafnasmiðir« bezeichnet auch den Stevenschmied, was darauf hinweist, dass den Steven herausragende Bedeutung zukommt. Sie bedürfen einer besonderen Sorgfalt bei der Auswahl des Holzes, da sie gerade gewachsen sein müssen, um die hohen Belastungen auszuhalten. Immerhin helfen die hochgezogenen Steven den Schiffen, sich in die Wogen zu schmiegen und sicher durch die teils sehr tiefen Wellentäler zu gelangen, sodass der Bug nicht unter die Wellen taucht. Dafür weisen die Schiffe insgesamt eine gewisse Elastizität auf. Somit haben die Steven neben ihrer durch die Drachenköpfe belegten repräsentativen Funktion vor allem auch praktischen Nutzen.

In einigen Fällen ist anstelle des Drachenkopfs eine aus vergoldeter Bronze gefertigte Wetterfahne am Bug befestigt, die in der altnordischen Überlieferung als »veðrviti« bezeichnet wird. Aus dem heutigen Schweden und Norwegen sind vier Exemplare archäologisch überliefert. Diese dreieckig-bauchigen Fahnen sind als Durchbruchsarbeiten gefertigt und mit einer vollplastischen Tierfigur unbestimmbarer Gattung sowie dynamisch wirkenden floralen und ornamentalen Darstellungen verziert. An ihrem unteren Rand weisen sie eine Reihe von Löchern auf, die zur Aufnahme von Bändern dienen, an denen kleine, im Wind flatternde und klappernde Metallteile befestigt sind. Graffiti-Einritzungen, wie sie sich auf einem Holz von Bergen finden, belegen dies. Vergleichbar mit den drachenförmigen Stevenköpfen sind die Wetterfahnen ebenfalls abnehmbar. Möglicherweise wird auch ihnen apotropäische Bedeutung zugesprochen.

Dass die vier heute überlieferten Exemplare aus Kirchen stammen, mag damit zusammenhängen, dass Kirchen auch zur Aufnahme von Schiffen bzw. von Segeln dienen. Dies lässt indirekte Rückschlüsse auf die Organisation in der Gemeinde und die Einbindung in die Leidung zu.

Eine andere, eher trapezoide Form von Wetter- oder Schiffsfahnen ist archäologisch ausschließlich in Form von Miniaturen bekannt. Sie scheinen in Originalgröße an der Mastspitze (Masttop) befestigt zu sein, worauf ein Bildstein auf Gotland verweist, der die Wetter- oder Schiffsfahne am Masttop zeigt.

Viele Hände sind nötig

Für den Schiffbau sind nicht nur in der Holzverarbeitung geschulte Personen notwendig, sondern auch solche, die das Schmiedehandwerk beherrschen. Allein zum Verbinden von Planken und Spanten wird eine Vielzahl an eisernen Nägeln und Nieten gebraucht, die auf dem Amboss geschmiedet werden. Neben den oben dargelegten Arbeitsschritten bei der Beschaffung und Bearbeitung des Holzes gilt es also, hochqualitatives Eisen zu besorgen und zu bearbeiten.

Bevor das Schiff zu Wasser gelassen wird, muss es kalfatert werden. Kalfat bezeichnet eine Dichtmasse

aus organischem Material, bestehend aus fettgetränktem Moos oder Tierhaar. Mithilfe von Kalfateisen und -hammer wird es zwischen die Schiffsplanken gehämmert und mit Birkenpech verstrichen, um das Eindringen von Wasser zu verhindern. Für eine möglichst wasserdichte Außenhaut wird das wikingerzeitliche Schiff anschließend mit einem Teeranstrich überzogen. Bis heute findet man Kalfatmasse in Verbindung mit Schiffsplanken, wenn auch in mittlerweile anderer, da chemischer Zusammensetzung.

Umfangreiche Ausstattung

Dass geschmiedete Anker Verwendung finden, gilt als sicher. So ist beispielsweise ein Anker in Zusammenhang mit dem Gokstad-Schiff bekannt geworden, und auch die gestickten Darstellungen auf dem Teppich von Bayeux zeigen Anker im Einsatz.

Die hölzernen Riemen werden nach ihrer Fertigung geteert, um sie widerstandsfähig gegenüber dem Wasser zu machen. Ihre Längen variieren, und sie werden für das jeweilige Schiff und insbesondere auch für den jeweiligen Gebrauchsort im Schiff individuell hergestellt. Die kürzeren werden mittschiffs eingesetzt, die längeren an Bug und Heck. Langschiffe haben durchweg, Lastschiffe nur vorn und achtern Ruderer. Pro Riemen benötigt man mindestens eine Person zu dessen Bedienung an Bord. Ruderschlaufen aus Walrosshaut oder Weidenrouten bilden die Widerlager beim Gebrauch der Riemen. Im Falle der großen Schiffe werden die Riemenlöcher direkt in die oberste Plankenreihe der Bordwand eingebracht.

Segeltuch – so wertvoll wie das Schiff selbst

Zudem sind Segel und Seile für den Betrieb des Boots bzw. Schiffs erforderlich, ein weiterer umfangreicher Schritt in der Produktionskette. Es ist ein enormes Investment von ähnlicher Dimension wie die Herstellung des Schiffs an sich, was wiederum eine massive Nachfrage an Ressourcen und große Mengen an Arbeitskräften bedeutet. Das Segeltuch ist wohl ebenso wertvoll wie das Schiff selbst. Als Material für das handgewebte Segel wird Wolle, Hanf und Leinen (Flachs) verwendet. Zur Imprägnierung werden sie mithilfe von Glättsteinen mit Öl, Bienenwachs oder Tiertalg bzw. Ocker und Teer eingerieben. Wolle hat den großen Vorteil, an sich schon fettangereichert zu sein. Vor allem die Wolle langhaariger Schafsrassen ist stark wasserabweisend.

Es ist nicht auszuschließen, dass die Segel zu ihrer optischen Aufwertung mit Leder- oder Seidenapplikationen ausgestattet sind oder teils mit Golddraht ausgeführte Stickereien tragen. Für die farbige Gestaltung kann die zum Teil aus Gemüse oder Indigo gewonnene Farbe auch mithilfe des Fetts in die Segel eingebracht werden. Gemäß der Überlieferung in der Heimskringla, der um 1230 verfassten Geschichte der norwegischen Könige, sind auch einzelne Schiffsrümpfe von außen oberhalb der Wasserlinie bemalt.

Segel werden aus aneinandergenähten Wollstücken hergestellt. Zahlreiche Hinweise auf Textilverarbeitung der Wikingerzeit liegen vor, darunter

In der Wikingerzeit sind Segel viereckig und an einer quer zum Mast befindlichen horizontalen Stange – der so genannten Rah – befestigt. Heute kommen Rahsegel nur noch bei Traditionsseglern zum Einsatz.

Von den Webstühlen selbst sind meist nur die aus Ton gefertigten Gewichte erhalten. Der hölzerne Rahmen ist nur in den seltensten Fällen überliefert. Aufgrund ethnologischer Vergleichsfunde ist bekannt, wie mechanische Webstühle bedient werden. Diese Erfahrungen lassen sich auf die Wikingerzeit übertragen.

Die Schafe der Wikingerzeit sind klein und zäh und werden vor allem für die Versorgung mit Wolle und Milch gehalten. Wolle ermöglicht die Anfertigung von Kleidung und Segeln, was Mobilität und Schutz vor Witterung bedeutet. Eine den Schafen der Wikingerzeit wohl ähnliche Rasse ist die hier abgebildete Ostpreußische Skudde (Ovis aries).

Die archäologischen Spuren der nur für wenige Jahre bestehenden wikingerzeitlichen Siedlung im kanadischen L'Anse aux Meadows sind seit 1978 als Welterbe der UNESCO ausgewiesen. Zwei von insgesamt elf Häusern sind nachgebaut und können besichtigt werden. Bei Ausgrabungen in den 1950er und 1960er Jahren sind Bearbeitungsreste von Booten bekannt geworden. Mit Sicherheit sind hier auch Schafe zum Zwecke der Selbstversorgung gehalten worden.

Webgewichte, Spinnwirtel und Nadeln sowie Eisenscheren. Aus freigelegten Grubenhäusern kennen wir Überreste großer Webstühle, auf denen die Segeltuchbahnen produziert werden. Häufig sind nur die Tongewichte zum Halten der Kettfäden überliefert. Der senkrechte Holzrahmen und die durch Gewichte beschwerten Wollfäden sind in der Regel nicht erhalten.

Beim Gebrauch des Webstuhls sind die Fäden durch ein Stück Holz in zwei Lagen getrennt. Durch den so entstehenden Zwischenraum wird mit einer Nadel der Webfaden gezogen und mit einem Webschwert festgeschlagen. Anschließend wird der Rahmen des Webstuhls so bewegt, dass die oberen der senkrecht verlaufenden Fäden nun unten, die vormals unteren in der oberen Lage verlaufen. Erneut wird die Nadel mit dem Webfaden durch den entstehenden Zwischenraum gezogen und wieder mit dem Webschwert festgeschlagen. Diese Abfolge wiederholt sich entsprechend häufig, sodass das zu webende Tuch in seiner Größe stetig zunimmt.

Gewebte Textilien werden zu Kleidung, Säcken und Tüchern weiterverarbeitet, um sie zum Schutz

vor Kälte, als Verpackungsmaterial oder Segel einzusetzen. Im Frühmittelalter dienen Tuche und Stoffe im Nord- und Ostseeraum auch als Tausch- und Zahlungsmittel.

Auf dem Fundmaterial von Birka basierende Berechnungen gehen davon aus, dass der jährliche Bedarf an Wolle eines wikingerzeitlichen Haushalts von zwei Personen bei 6 kg liegt. Pro Kilogramm Wolle

Das Zu-Wasser-Lassen eines Schiffs ist ein besonderer Moment, auch wenn der Bau erst anschließend vollendet wird. Aufbauten und Inneneinrichtungen bzw. Bestückungen erfolgen erst nach dem Stapellauf. Beim Zu-Wasser-Lassen zeigt sich, ob das Schiff tatsächlich dicht ist. Umso schöner und befreiender ist es, wenn der kritische Moment problemlos gemeistert wird.

werden ein bis zwei Schafe benötigt. Aus der Wolle stellt man Kleidung, Decken, Zelte, Teppiche und Wagenbedeckungen her.

Auf Grundlage von Experimenten ist die Machart und Qualität der Segel bekannt, und auch, wie viel Zeit und Ressourcen zu deren Anfertigung gebraucht werden. Søren Nielsen beschreibt im Zusammenhang mit dem 30 m langen Nachbau »Sea Stallion« aus Roskilde (Skuldelev 2), dass für das etwa 112 bis 120 m^2 große Segel Wolle von rund 200 Schafen erforderlich ist.

Wolle muss zunächst sortiert, gewaschen und gekämmt werden. Dann ist eine Person rund neun Monate damit beschäftigt, die Wolle per Hand und mithilfe einer etwa 15 bis 20 cm langen Spindel zu Fäden zu verspinnen. Das Anfertigen des Stoffs ist sehr zeitaufwendig. In der Regel können auf einem Vertikalwebstuhl 70 cm Stoff pro Tag hergestellt werden. Segel werden mit großer Sorgfalt möglichst reißfest und unempfindlich gefertigt, immerhin unterliegen sie bei ihrem Einsatz strapaziösen Bedingungen. Die Kraft des Winds, aber auch salzhaltiges Wasser und Luft stellen Extrembedingungen dar. Einige wenige Überreste von Segeln sind aus dem Hafen von Haithabu und aus norwegischen Kirchen, beispielsweise vom Dachboden der Kirche in Trondenes aus dem mittleren 13. Jh. überliefert. Sie zeigen, wie die Segel gewebt und verarbeitet sind.

Man nehme …

Im jüngst veröffentlichten Ausstellungskatalog »Wikinger!« sind die für den Nachbau »Sea Stallion« benötigten Holzmengen dargelegt. Demnach bedarf es vier kleiner Eichen, um Kiel und Steven zu bauen. Die Planken werden aus 14 großen Eichen hergestellt, das Kielschwein aus zwei mittleren Eichen, Bodenwrangen aus rund 285 Teilen gekrümmten Holzes. Für die Planken mit Riemenlöchern, längsverlaufende Verstärkungen, Mast, Rahen, Riemen und Holznägel werden vier Eschen, drei mittelgroße Eichen, zwei Kiefern und zehn Weiden benötigt.

Unter der Voraussetzung, dass insgesamt 61 Personen ausschließlich dafür zur Verfügung stehen, darunter ein Stevenschmied, zehn Bootsbauer und 50 Personen mit bootsbauspezifischen Kenntnissen, kann die »Sea Stallion« innerhalb von sieben Monaten hergestellt werden. Das deckt sich mit der Überlieferung in isländischen Sagas, die berichten, dass ein als »große Schlange« bezeichnetes Schiff während eines Winters gebaut wird.

Allein für das Fällen der Bäume und die grobe Herrichtung der Planken werden zehn Personen und drei Monate gebraucht, für die Anfertigung der 8000 Eisennägel eine Person und acht Monate. Weitere sechs Monate werden von fünf Personen benötigt, um Bast und Pferdehaar zusammenzutragen und innerhalb von sechs weiteren Monaten Seile daraus herzustellen. Beim Einsatz von zwölf Personen dauert die Fertigung des Segels etwa sechs Monate. Überdies sind zwei Personen einen Monat damit beschäftigt, alle Stücke zusammenzunähen.

Für den Bau des Schiffs und die Zeit danach bedarf es 500 l Teer. Für seine Herstellung sind etwa vier Teerbrauer zwei Monate beschäftigt. Deren Arbeit umfasst auch das Fällen der Bäume, das Graben der Grube und die Kontrolle des Brands.

Nach Vollendung des Schiffs lässt man dieses auf mehreren Rundhölzern möglichst effektiv ins Wasser gleiten. Sicherlich ist dies ein erhabener Moment und ein tolles Ereignis für all diejenigen, die an der Fertigung beteiligt sind, an den Fahrten partizipieren oder einfach gerne feiern.

Wie orientiert man sich auf See?

In Küstennähe verbleibend, dienen Landmarken zur Orientierung, ebenso der Flug der Vögel und der Stand der Sonne. Sicheres Navigieren ist im Küstenbereich anspruchsvoller als auf offener See. Das Wattenmeer beispielsweise ist als hoch dynamische, von Ebbe und Flut bestimmte Landschaft durch starke Sedimentverlagerungen und Sogwirkungen des Wassers geprägt. Sicherlich ist hier ein besonders vorausschauendes Segeln unter Benutzung eines Lotes oder einer Stakstange angezeigt, um nicht ungewollt auf Sandbänke oder andere Untiefen aufzulaufen. Bestenfalls nimmt man sogar mit den örtlichen Gegebenheiten vertraute Personen mit oder lässt sich von einem mit entsprechend kenntnisreicher Mannschaft besetzten Boot lotsen. Zu den landseitig getroffenen Maßnahmen zählen Leuchtfeuer oder auch auf Untiefen gestellte Baken und Bäume.

Ob gezielt angefertigte Navigationsinstrumente in der Wikingerzeit Verwendung finden, ist unklar. Wiederholt wird auf das 1948 auf Grönland entdeckte Fragment einer halbkreisförmigen Holzscheibe aus der Zeit um 1200 mit einem Durchmesser von 7 cm verwiesen. Sie zeichnet sich durch unregelmäßig zueinander angebrachte Einkerbungen im Außenrand und durch ein Loch in der Mitte aus. Die ihr zugeschriebene Verwendung als Peilscheibe im Sinne eines Sonnenkompasses ist allerdings umstritten.

Unstreitig ist, dass man sich am Stand der Gestirne orientiert. Der Beobachtung von Sonne, Mond und Sternen, insbesondere auch dem Polarstern, kommt somit große Bedeutung zu.

Frühe Segelanweisungen nehmen nur auf Himmelsrichtungen Bezug. Ansonsten weisen sie ausschließlich terrestrische Anknüpfungspunkte auf, wie

Beim Hissen der Segel wird besonders deutlich, dass Segeln eine Aufgabe der gesamten Mannschaft ist. Hierbei sind koordinierte und aufeinander abgestimmte Handlungen notwendig. Insbesondere bei stürmischer See und regnerischem Wetter ist das Bedienen der Segel mühevoll und kraftfordernd.

Der Besitzer dieser Holzkiste aus dem gotländischen Mästermyr mit dem so umfangreichen Werkzeugspektrum muss über ebenso umfangreiche technologische Kenntnisse verfügt haben. Entsprechend wird der Verlust der Kiste immens gewesen sein. Den Archäologen gibt sie einen wunderbaren Einblick in den technischen Stand der Wikingerzeit.

Hinweise auf Inseln und andere Landmarken. Bevor so genannte Segelanweisungen schriftlich dokumentieren, an welchen – zumeist für die Schifffahrt gefahrenvollen – Stellen besondere Vorsicht vonnöten ist, wird das auf Reisen gewonnene Erfahrungswissen mündlich weitergegeben. Dabei dürfen schriftliche Darstellungen aus dieser Zeit nicht als Abbildung der Realität gewertet werden. Schriftlich festgehalten wird nur das, was aus Sicht der damaligen Akteure berichtenswert erscheint. Dazu zählen außergewöhnliche Zwischenfälle. Das, was uns eigentlich interessiert, der Standard, das, was zur Regelhaftigkeit gehört, findet hingegen keine Erwähnung, zumal Segelanweisungen optimale Wind- und Sichtverhältnisse zugrunde legen.

Wie aber segelt man in der Wikingerzeit?

Am wirkungsvollsten sind die Wikingerschiffe mit ihren quadratischen Segeln bei Wind von der Seite oder von achtern, das heißt von hinten, bzw. von schräg hinten. Direkt gegen den Wind kann man nicht segeln. Doch kann man sich dem im Wind liegenden Ziel auf einem Zick-Zack-Kurs nähern, was seine Zeit dauert.

Je geringer der Tiefgang desto höher die Abdrift. Wikingerschiffe mit ihrem geringen Tiefgang haben eine recht hohe Abdrift. Ihr Vorteil liegt darin, dass sie relativ hohe Geschwindigkeiten erreichen können, vor allem auch sehr wendig sind und sich bis etwa 60° gegen den Wind vergleichsweise hoch am Wind segeln lassen.

Um die Schiffe samt Ladung und Mannschaft nicht in Gefahr zu bringen, wird die Segelgröße der jeweils vorherrschenden Windstärke angepasst. Dazu wird das Segel in seinem unteren Teil durch entsprechende Bindevorrichtungen hochgebunden. Dies kann stufenweise erfolgen, sodass auch mit kleinster Segelfläche zu agieren ist. Bei starkem Wind bedeutet ein gehisstes Segel trotz allen Risikos die Möglichkeit, aktiv auf Wellen und Strömung reagieren zu können. Kein Segel heißt, dem Spiel von Wind und Wellen ausgeliefert zu sein.

Die Verantwortung an Bord trägt der Schiffsführer, der im Falle von Kriegsschiffen vom König als solcher benannt und mit Befehlsgewalt ausgestattet wird. Lastschiffe können sich im Besitz mehrerer Teileigentümer befinden. Weiterhin gibt es die Rudermannschaft, die abwechselnd das Segel, die Riemen und das Steuerruder bedient. Zusätzlich müssen An- und Ablege- sowie Reparaturarbeiten verrichtet, das Wetter und die umgebende See bzw. der Untergrund beobachtet, die Schiffe be- und entladen sowie Nahrung zubereitet werden. Hinzu kommt das Lenzen des Schiffs, das heißt, das Entfernen des Wassers aus dem Schiff mithilfe eines Gefäßes.

Was nimmt man mit auf Reisen?

Zur Ladung gehört neben den zu transportierenden Waren eine kleine und gezielte Auswahl an persönlichen Dingen. Diese werden in praktischen Seekisten aufbewahrt, die an den Seiten Tragegriffe und oben einen klappbaren Deckel aufweisen. Darüber hinaus gilt es, an Bord Waffen unterzubringen, darunter Schwerter, Schilde, Pfeile, Bögen und Speere.

Seekisten sind generell so geformt, dass sie eine Standfläche haben, die größer ist als der sich nach oben hin verjüngende Deckel. Dies ist praktischen Zwecken geschuldet. Aufgrund der vergrößerten Standfläche wird der Gefahr vorgebeugt, dass sie bei stürmischer See umkippen. In der Seekiste bewahrt ihr Besitzer die ihm wichtigen Gegenstände auf wie aller Wahrscheinlichkeit nach Kleidung, eine Holzschale als Essgefäß, ein Trinkhorn, einen Lederhelm und eine Axt, die als multifunktionales Werkzeug oder gar als Waffe eingesetzt werden kann. Vielleicht werden darin auch von der Reise mitgebrachte Souvenirs sowie mitgeführte Talismane, Spielsteine und Würfel aus Elfenbein oder Bernstein verstaut. Aus Haithabu ist eine solche Kiste mit einer Größe von 52 cm × 23 cm × 27 cm überliefert. Gesichert ist sie auf zweifache Weise: einerseits durch ein Eisenschloss und andererseits dadurch, dass man beim Rudern an Bord darauf sitzt. Seekisten ersetzen somit die platzraubenden Ruderbänke.

Doch vermutlich werden nicht nur persönliche Besitztümer darin untergebracht, sondern auch Werkzeug. Um größeren Schaden abzuwenden, wird man die Schiffe und ihre Ausrüstung vor Gebrauch zwar getestet haben, wie etwa die Reißfestigkeit des Segels, die Dichtigkeit des Rumpfs oder die Unversehrtheit der Riemen. Und trotzdem rechnet man damit, im Laufe der Fahrt immer wieder und spontan Reparaturen auszuführen. Dazu gehört auch das Flicken der Segel.

Beidseitig der Segel angebrachte großmaschige Netze haben die Aufgabe, den durch Wind auf das Segel ausgeübten Druck abzufangen, um so ein frühzeitiges Reißen des Segels zu vermeiden. Die Stabilität kann auch dadurch erhöht werden, dass man weitere Stoff- und Lederstreifen zur Verstärkung aufnäht. Neben Segeln und Tauen ist es das Rigg, das heißt der Mast und die Rah, das aufgrund des hohen auf ihm lastenden Drucks besonders reparaturanfällig ist. Gleiches gilt für die Rudereinrichtungen, darunter das Steuerruder und die Riemen. Daher nimmt man ausreichend viel Stoff zur Ausbesserung des Segels mit an Bord, Nadeln und Fäden sowie Holznägel und Zimmermannswerkzeug wie Hohlmeißel, Bohrer und Beile.

Im Jahr 1936 wird in Mästermyr auf der schwedischen Insel Gotland eine Kiste entdeckt. Sie enthält mehr als 100 gut erhaltene Gegenstände einschließlich eines breiten Spektrums an Holz- und Metallbearbeitungswerkzeugen, ebenso wie Barren aus Eisen und einen Klumpen geschmolzener Bronze. Von allen Materialien, die zum Schiffbau verwendet werden, ist Eisen für die Nägel vermutlich am kostbarsten. So weist die älteste Gesetzessammlung Norwegens (Gulathing-Gesetz) aus dem 12. Jh. auf die Notwendigkeit hin, die Nägel aus einem nicht mehr seetauglichen Schiff zu retten.

Die leichte Konstruktion der Kriegsschiffe, die sie im Wasser so wendig macht, ist zugleich sehr anfällig. Daher sind an vielen Schiffen Anzeichen für Reparaturen erkennbar. Die meisten Kriegsschiffe scheinen eine Lebensspanne von rund 25 Jahren zu haben.

All diejenigen, die an Bord eines Schiffs gehen, sollten schwimmen können – jedenfalls die Besatzung. Ob dies auch für den zu transportierenden Personenkreis zutrifft, ist unklar. Die als Grablegen möglicherweise umfangreicher als üblich ausgestatteten Schiffe aus Gokstad und Oseberg verfügen über kleinere Beiboote. Schließlich lassen sich diese aber nicht nur für eventuelle Rettungszwecke nutzen, sondern auch, um hochstehende Persönlichkeiten trockenen Fußes vom Reisegefährt an die Anlegestelle zu verbringen und umgekehrt.

Die Wirkung von »Wikingerschiffen«

Bevor die archäologische Forschung im 20. Jh. ihre noch zu entwickelnden Methoden einsetzen kann, kommt es im 19. Jh. zur Rezeption der Wikingerschiffe in Kunst und Kunstgewerbe. Der »Altnordische Stil«, auch »Drachenstil« genannt, wird modern, was sich unter anderem an sehr hochwertig gefertigten Schiffen ablesen lässt, die als Möbel, Bildwebereien und Silberschmiedearbeiten in Form von Tafelaufsätzen ebenso wie in der Baukunst übernommen werden. Die Schiffsform und die stevenartigen Drachenköpfe drücken auf dieser Art von Bildträgern auch die persönliche Begeisterung des Kaisers für Norwegen aus und kommunizieren Macht und Pracht des wilhelminischen Kaiserreichs.

In Deutschland wächst das Interesse an Wikingerschiffen mit dem aufkommenden Nationalsozialismus. Die mit Wikingern verbundenen Vorstellungen fügen sich in ein ideologisch geprägtes Germanenbild ein, das für die Nationalsozialisten zentralen Stellenwert besitzt. Die eigene Propaganda wird in ein historisierend-verzerrtes Bild der Wikingerzeit eingepasst. An die Wikingerzeit erinnernde Symbolträger werden zum Mittel der Propaganda. Mit demonstrativer Deutlichkeit weist das Plakat einer 1941/42 im Deutschen Museum in München gezeigten Ausstellung zum Thema »Grossdeutschland und die See« darauf hin, wie in diesem Fall das wikingerzeitliche Schiff zum Träger des preußischen Adlers wird, der mit einem Schwert durch die Wellen pflügt. Ziel der Ausstellung ist es, der Gesellschaft »Seegeltung« als »nationale Aufgabe« und »lebenswichtige Forderung« zu vermitteln. Dazu wird in der prächtigen und eindrucksvollen Eingangshalle des Museums der aus der Wand ragende Bug eines nachgebauten wikingerzeitlichen Schiffs genutzt.

1941/42 wird im Deutschen Museum in München eine Ausstellung gezeigt. Politisches Ziel ist die Anwerbung kriegstauglicher Männer. Dafür romantisiert man das Meer und diejenigen, die es bezwingen.

Die Politik der NS-Zeit leitet aus der Archäologie ihr dienliche Interpretationsmodelle ab. Dabei geht es nicht nur um die Demonstration kultureller Überlegenheit der »nordischen Rasse« mit ihrer »nordisch-arischen« Wurzel gegenüber anderen, insbesondere Christen, Juden und Bolschewiken, sondern auch um diesen gegenüber formulierte territoriale Besitzansprüche. Die Benennung der fünften Waffen-SS-Panzergranadierdivision »Wiking« bringt diese ideologische Haltung zum Ausdruck. Im Herbst 1942 wird ein Archäologe Stabsoffizier dieser Abteilung mit der Aufgabe, die politische Indoktrination der Divisionsangehörigen vorzunehmen.

Als Effekt des neu erwachten Interesses an der Archäologie gelingt es, dieses zuvor mit Schatzsuche und Abenteuerlust verbundene Fach an Universitäten, Museen und Bodendenkmalpflegeämtern zu institutionalisieren. Mit dieser wissenschaftlichen Stärkung wandelt sich das Image der Archäologie von abenteuerlustiger Schatzsuche hin zu einer als solchen anerkannten Wissenschaft – allerdings einer zunächst ideologiebehafteten.

Einer solchen ideologieverhafteten Instrumentalisierung der Geschichte wirken Wissenschaftler heute entgegen. Für die Öffentlichkeit am deutlichsten sichtbar sind die Forschungen insbesondere über wissenschaftsbasierte Ausstellungen. Häufig stehen dabei die Schiffe im Fokus.

Besondere Aufmerksamkeit unter Fachleuten wie unter Laien genießt das Wikingerschiffsmuseum in Roskilde. Dort werden wissenschaftliche Experimente mit der ihnen eigenen Objektivität mit allen Sinnen an die Öffentlichkeit vermittelt. Haptik, Akustik und Geruchswahrnehmung spielen eine wichtige Rolle. In welchem anderen Museum sind der Geruch von geschlagenem Holz, salzhaltiger Luft und Teerbrandgruben oder der Klang von Eisenschmieden, brennendem Feuer und heulendem Wind ansonsten Teil des Narrativs?

Mehr als nur Mobilitätsträger

Schiffe der Wikingerzeit sind mental aufgeladen und eingebettet in die damalige Vorstellungswelt. Am effektvollsten zeigt sich dies am Beispiel der im Rahmen des Bestattungsritus' auf dem Wasser in Brand gesteckten Schiffe. Der Gebrauch von Schiffen bzw. Schiffsdarstellungen in rituellem Kontext verstärkt sich dann anscheinend in einer Zeit, als die Wikinger mit einer neuen Religion, dem christlichen Glauben, konfrontiert werden.

Wie sehr Schiffe Teil der Inszenierung eines hochstehenden, zum Teil königlichen Personenkreises sind, kommt auch in den schiffsförmigen Bestattungen im skandinavischen Raum zum Ausdruck, in deren Mitte die Verstorbenen eingebracht werden. Die Niederlegung von Wasserfahrzeugen bei Begräbnissen bzw. ihre Verbrennung auf dem Scheiterhaufen werden generell als Symbol der weit verbreiteten Vorstellungen der Fahrt zu den Toten bewertet. Darin offenbart sich eine enge Verbundenheit zu Wasserfahrzeugen, die vermutlich bereits zu Lebzeiten eine ideologisch bedeutsame Rolle spielen. Schiffe sind in der Wikingerzeit unverzichtbar, vor allem auch, um Kontakte zwischen den Eliten herzustellen und aufrechtzuerhalten.

Der Archäologe Christer Westerdahl weist zu Recht darauf hin, dass es nicht nur wichtig ist, technisch-funktionale Aspekte in den Blick zu nehmen, sondern auch die ästhetischen Anforderungen der Zeit, das heißt, die Bedeutung des Schiffs als Machtsymbol und Prestigeobjekt, unter anderem auch im religiösen Kontext. Drachenköpfe und zoomorphe Verzierungen der Bordwände lassen darauf schließen, dass die Schiffe eher als geschmeidige Seewesen gelten denn als technische Konstrukte. In den Sagas werden Schiffe auch als »Pferde des Meeres« beschrieben.

Die nationalsozialistische Propaganda lebt u. a. von Aufmärschen und Prozessionen. So wird auch der »Tag der Deutschen Kunst« in München im Jahr 1937 mit einem Festzug begangen. Teil der Inszenierung ist der Nachbau des auf einem Pferdewagen gezogenen Oseberg-Schiffs.

kingerschiffsmuseum Roskilde werden die einzelnen Arbeitsschritte erprobt und zu routinemäßigen Arbeitsweisen der Archäologen weiterentwickelt.

Um eine wissenschaftliche Rekonstruktion von Schiffen vorzunehmen, bedarf es der Anfertigung maßstabsgetreuer Modelle. Sie werden auf Basis der archäologischen Dokumentation sowie weiterer als Vergleichsfunde hinzugezogener archäologischer, ikonografischer, schriftlicher und ethnologischer Quellen erstellt. Infolge geänderter technischer Verfahren bei der archäologischen Dokumentation haben sich die Modelle in ihrer technischen Ausführung, nicht aber in ihrer Funktion verändert.

Die manuelle Anfertigung von Zeichnungen im Maßstab 1:1 hat zunächst die äußerst zeitintensive und damit teure Anfertigung von maßstabsgetreu verkleinerten Modellen aus Pappe oder Holz zur Folge. Für Schleppversuche im Wasserbecken werden dreidimensionale Funktionsmodelle gebaut, die in den Versuchsbecken auf Verdrängung, Ladevolumen und Geschwindigkeit, das heißt Funktionalität und Belastbarkeit getestet werden.

Mit der digitalen Erfassung gelingt die Vermessung heute schneller und dazu berührungsfrei. Die Firma Faro Technologies hat dafür ein tragbares Koordinatenmessgerät entwickelt, das heißt einen beweglichen Arm, der mit einem Messpunkt an seiner Spitze versehen das zu vermessende Objekt raumkoordinatengenau abtastet. Die digitalen Aufnahmen lassen sich nicht nur virtuell ergänzen, sondern auch auf oben genannte Fragestellungen hin betrachten. Weder das analoge noch das virtuelle Modell können jedoch das ersetzen, was eine experimentell-archäologische Rekonstruktion im praktischen Versuch an Wissen und Erfahrung zu vermitteln vermag.

EXAR – Netzwerk der experimentellen Archäologie

Da in der experimentellen Archäologie zahlreiche Citizen Scientists, das heißt archäologisch interessierte Laien, vereinigt sind, sieht sie sich unter dem permanenten Druck, beweisen zu müssen, dass ihre Untersuchungsinitiativen durchweg wissenschaftsgeleitet sind. Aus dieser Situation heraus entstand 2002 die Interessengemeinschaft der Europäischen Vereinigung zur Förderung der Experimentellen Archäologie e.V. (EXAR). Das bedeutet, Personen haben sich auf Vereinsebene mit dem Ziel zusammengeschlossen, die experimentelle Archäologie als wissenschaftliche Methode zu etablieren und zu stärken sowie ein Netzwerk zu schaffen unter denjenigen, die sich für experimentelle Archäologie einsetzen. Ihr Ziel ist es weiterhin, diese Ergebnisse auch der nichtwissenschaftlichen Öffentlichkeit zu vermitteln.

Damit hat es sich der Verein zur Aufgabe gemacht, die unterschiedlichen Initiativen zur wissenschaftlichen Untersuchung von technologischen Aufgabenstellungen sowie zu praxisbezogenen Aspekten antiker Lebensweise europaweit in einem Netzwerk zu bündeln. Es geht dabei um die Zusammenführung von Wissenschaftlern, Technikern sowie an alten Handwerkstechniken Interessierten und somit um die Vereinigung von theoretischem und praktischem Wissen und den Wunsch, gemeinsam wissenschaftliche Fragestellungen zu beantworten. Nicht zuletzt sollen auch Vermittlungsmedien mit dem Ziel des Wissenszugewinns weiterentwickelt werden. EXAR vereinigt momentan laut Darstellung auf seiner Webseite 150 Mitglieder aus 16 Ländern (www.exar.org).

Roskilde: Vorbild und Vorreiter der Experimentalarchäologie

Eine wichtige Rolle bei der Entwicklung der Experimentalarchäologie in Europa spielt das Wikingerschiffsmuseum im dänischen Roskilde. Die 1962 im Roskilde-Fjord geborgenen Schiffsfunde werden als wissenschaftlich so spektakulär erkannt, dass der dänische Staat ein Experimentalzentrum am Südufer des Fjords in der Stadt Roskilde einrichtet, das sich zu einem der führenden in Europa entwickelt. Bereits in den 1920er Jahren entdecken Fischer erste Überreste mehrerer Schiffe. Infolgedessen interessieren sich in den 1950er Jahren Sporttaucher für dieses von 1957 bis 1962 archäologisch untersuchte Areal.

Dank der tollen Erhaltungsbedingungen lassen sich Details, Ausstattung, Rigg, Segeltrimm und schließlich Segeleigenschaften der Schiffe sehr gut rekonstruieren. Die Fundstelle ist auch deshalb von so großem Wert, weil hier insgesamt fünf verschiedene Schiffstypen unterschiedlicher Funktionen geborgen wurden.

Im Wikingerschiffmuseum Roskilde wird das Wissen um diese Schiffe auf Basis des experimentalarchäologischen Quellenstudiums reaktiviert und rekonstruiert. Es steht für ein gelungenes Konzept, in dem wissenschaftliche Akribie mit forschungsgeleitetem Ansatz im Bereich der experimentellen Archäologie bestmöglich mit Aktivitäten harmoniert, die weder Fragestellungen noch eine messbare Dokumentation besitzen, sondern vielmehr auf das Nachempfinden und Vermitteln durch Reentactment setzen.

Unterwegs im Namen der Wissenschaft

Mit den nachgebauten Schiffen werden Versuchsreisen durchgeführt, die drei Ziele verfolgen: Erstens geht es darum, die Rekonstruktion zu testen, denn diese ist zunächst bloß materieller Ausdruck einer wissenschaftlichen Hypothese, die es zu überprüfen

Die Grabung im Roskilde-Fjord in den 1950er Jahren bedeutet einen Meilenstein der Unterwasserarchäologie und führt zu sensationellen Ergebnissen. Die Schiffsfunde werden von einer Spundwand umgeben und das Innere ausgepumpt, sodass die Grabung ohne Sauerstoffflaschen durchgeführt werden kann.

gilt. Ob die Rekonstruktionen funktionieren, zeigt sich in der Praxis. Zweitens müssen dann die Fahreigenschaften des Nachbaus geprüft werden. Dabei ist zu berücksichtigen, dass sich die Segelexperimente stets im Spannungsfeld zwischen Sicherheit und Authentizität bewegen. Und drittens soll ausprobiert werden, wie die Organisation und Logistik des Schiffs funktioniert und insbesondere das Zusammenspiel der Mannschaft. Immerhin bedeutet die Seereise mit dem Nachbau »Sea Stallion« vom dänischen Roskilde ins irische Dublin, 2482 nautische Meilen zurückzulegen und damit 495 Stunden gemeinsam auf See zu verbringen.

Der erste im Wikingerschiffsmuseum Roskilde anhand von Kopien wikingerzeitlicher Werkzeuge erstellte Nachbau wird »Roar Ege« genannt, der nach dem Vorbild des als »Skuldelev 3« bezeichneten Schiffs gebaut wird. Von allen fünf Funden aus Roskilde ist dieses am besten erhalten und dieser Nachbau daher die wohl getreueste Replik.

Die Bauweise, das heißt die verwendeten Werkzeuge, die Baumaterialien und der Arbeitsprozess sind so authentisch wie möglich. Beim Original handelt es sich um ein aus Eichenholz gefertigtes kleines Handelsschiff von 14 m × 3,3 m Größe, das um 1040 n. Chr. gebaut wird und vermutlich dänischer

Das kleine Handelsschiff von Skuldelev 3 »Roar Ege« wird von 1982 bis 1984 nachgebaut. Anstelle von Bootsbauern sind diejenigen daran beteiligt, die zuvor die Rekonstruktion des Schiffs im Modell vorgenommen haben. Der Nachbau wird innerhalb von 20 000 Arbeitsstunden fertiggestellt. Allein die Herstellung der Seile und des handgewebten Segels dauert 5000 Arbeitsstunden.

Der Roskilde-Fjord ist relativ flach und stellt damit ein ideales Revier für Segelversuche mit Nachbauten dar. Mit über 30 Jahren erreicht der Nachbau »Roar Ege« mittlerweile ein Alter, in dem zur Wikingerzeit Schiffe bereits abgewrackt oder sekundär im Zusammenhang mit Schiffssperren oder Begräbnissen verwendet wurden.

Herkunft ist. Fünf bis acht Mann Besatzung sind zu seiner Beseglung notwendig. Bei bis zu 5 t Fracht erreicht es eine Spitzengeschwindigkeit von maximal 8,5 Knoten.

Waren Wikingerschiffe tatsächlich hochseetauglich?

In Dänemark nimmt die experimentelle Archäologie unter Frederik Sehestedt 1879 ihren Ausgangspunkt. Der Amateurarchäologe errichtet – ausschließlich unter Verwendung steinzeitlichen Werkzeugs – ein später im Freilichtmuseum »Den Fynske Landsby« im dänischen Odense gezeigtes Holzhaus. An Wikingerschiffen interessierte Experimentalarchäologen stellen Ende des 19. Jh. erstmals die Frage nach der Hochseetauglichkeit der damals neugefundenen Schiffe: Ist es möglich, dass die Entdeckung Neufundlands durch Leif Erikson um das Jahr 1000 tatsächlich stattgefunden hat, so wie es die isländischen Sagas überliefern?

Um dieser Frage nachzugehen, wird im Jahr 1892 die erste Replik eines wikingerzeitlichen Schiffs überhaupt gebaut. Vorbild ist das 1880 geborgene Gokstad-Schiff. Unter dem Namen »Viking« segelt Magnus Andersen mit seiner Crew 1893 vom norwegischen Bergen ins nordamerikanische Neufundland. Trotz vieler Tage Gegenwinds gelingt es, diese Route in 28 Tagen zurückzulegen – bei einer durchschnittlichen Reisegeschwindigkeit von 76 nautischen Meilen (141 km) pro Tag. Mit diesem Nachbau wird somit erstmals die Seetauglichkeit des aus dem späten 9. Jh. stammenden Gokstad-Schiffs getestet.

Mit dem Kaufmann Wulfstan von Haithabu nach Truso

Rund 100 Jahre später rückt eine küstennahe Route der Ostsee in den wissenschaftlichen Fokus. Ausgangspunkt der Untersuchung ist der älteste aller erhaltenen angelsächsischen Reiseberichte. Er stammt aus dem 9. Jh. und gibt Aussagen des damaligen Zeitzeugen Wulfstan wieder.

Wulfstan ist Kaufmann. Er segelt von Haithabu nach Truso, also zu Orten, die heute als solche nicht mehr existieren. Ihre Erwähnung in den historischen Quellen ist Beleg dafür, dass es sich um damals im politischen Geschehen bedeutsame Siedlungen handelt, was archäologische Befunde zu deren Lage, Existenzdauer und Nutzungsweise bestätigen.

Im 9. Jh. ist Haithabu eine unbefestigte vergleichsweise kleine Siedlung. Doch bereits für das Jahr 965 beschreibt der maurische Gesandte Achmed al-Tartuschi anlässlich seines Besuchs vor Ort begeistert, dass

Das Gemälde von Hjalmar Hohnssen (1852–1901) zeigt den Nachbau des Gokstad-Schiffs namens »Viking« beim Einlaufen in den Hafen von Chicago. Zwölf Jahre nach dem Fund des Originals im norwegischen Gokstad wird der Nachbau auf einer Werft im norwegischen Sandefjord fertiggestellt und – nachdem er mit elf Mann Besatzung und unter dem Kommando von Kapitän Magnus Andersen den Atlantik überquert hat – 1893 auf der Weltausstellung in Chicago gezeigt.

sondern hat vielmehr die Natur im Blick. Dazu gehören auch an Bord mitgeführte Vögel, die fliegen gelassen werden, damit sie die Nähe und Richtung zum Land anzeigen.

Leben an Bord

Derartige Versuchsreisen sind nicht zuletzt auch soziale Experimente, so schildern es Anton Engert und Waldemar Ossowksi. Die Bedingungen an Bord sind grundsätzlich sehr einfach. Auf den offenen Booten hat man wenig oder gar keinen Schutz, es fehlt an fest installierten Kochmöglichkeiten, an Toiletten und an Betten.

Folgt man der Eybyggia-Saga, entscheidet jeden Tag erneut das Los darüber, wer von den Crewmitgliedern das Essen zubereitet. Erst im 11. Jh. wird diese Aufgabe von einer dauerhaft als solche bestimmten und dafür auch bezahlten Person wahrgenommen, sowohl auf Handels- als auch auf Kriegsschiffen.

Unabhängig davon ist die Ernährung auf Schiffen in der Wikingerzeit eher schwierig. Es gibt an Bord nur das, was mitgeführt werden kann. Allein die Staumöglichkeiten dafür sind begrenzt. Zudem gilt es, die Nahrungsmittel vor Wasser und Feuchtigkeit zu schützen. Hier allerdings zeigen die Versuchsreisen, dass beim Segeln sowohl über die seitlichen Bordwände als auch vorn über den Bug einzelne Wellen und Gischt und somit Wasser in das Schiff gelangen.

An Bord üblich ist der Verzehr von Haferbrei. Er ist nahrhaft und macht auf praktische und unkomplizierte Weise größere Personengruppen satt. Man bereitet ihn in einem Topf zu und erhitzt ihn über einem Feuer vor dem Mast auf kleiner Flamme. Als abwechslungsreiche Verfeinerung wird geräuchertes, gesalzenes oder getrocknetes Fleisch oder Fisch sowie getrocknetes Wurzelgemüse verzehrt.

Sicherlich werden auch Netze oder wenigstens zum Fischfang verwendete Leinen und Haken an Bord mitgeführt. Frischer Fisch ist eine willkommene Abwechslung des üblichen Speiseplans. Darüber hinaus sind unter königlichem Schutz stehende Kriegsschiffe in der Wikingerzeit durch das norwegische Gesetz dazu ermächtigt, Nutzvieh für den direkten Verzehr am Strand zu schlachten. Kopf, Hufe und Haut des erlegten und zerwirkten Tieres sind am Schlachtort zu belassen. Der Besitzer des Tieres hat somit die Möglichkeit, die Bezahlung beim König zu reklamieren.

Im Laufe der Zeit bilden sich an Land Orte mit entsprechenden Versorgungsmöglichkeiten heraus.

Nur die 2 bis 3 cm starken Planken des Schiffs trennen die Mannschaft vom Wasser. Das Erlebnis, auf dem Meer zu sein, ist somit unmittelbar. Bei gutem Wetter ist es sicherlich einfach, gute Laune an Bord zu haben. Die Herausforderung besteht darin, bei stürmischem und nasskaltem Wetter eine gesellige Atmosphäre aufrechtzuerhalten.

Das Schlafen an Bord kann gut gelingen, wenn man das Geräusch der Wellen als beruhigend und die Bewegung des Schiffs als wohltuend empfindet. Dennoch liegt des Nachts die Mannschaft – mit Ausnahme der Wachhabenden – eng nebeneinander, womöglich schnarchend.

Hier wird Handel getrieben, Wissen weitergegeben und Proviant aufgenommen.

Wie aber verrichtet man seine Notdurft an Bord? Eine Toilette gibt es nicht. Sein Geschäft muss man über die Reling erledigen.

Wo schläft die Besatzung?

Bei Kurzaufenthalten an Land werden vermutlich leichte Zelte aufgeschlagen. Rahmen solcher Zelte sind in den Schiffen von Oseberg und Gokstad überliefert. Wahrscheinlich dienen derartige Zelte, während der Fahrt an Deck aufgestellt, zum Schutz gegen Sonne und Regen. Insbesondere Langschiffe bieten der Mannschaft wenig Unterschlupfmöglichkeiten. Darüber hinaus gibt es indirekten Schutz gegen Wind und Wetter. Die Menschen an Bord tragen gewachste oder geölte bzw. aus Leder gefertigte Kleidung, um sich – besser als mit winddurchlässigen Woll- oder Leinenstoffen – vor den Elementen zu schützen.

Der uns überlieferte Reisebericht von Wulfstan zeigt, dass unter bestimmten Umständen keine Kurzaufenthalte am Ufer vorgenommen werden. Insbesondere wenn der Wind günstig steht, segelt man Tag und Nacht. Die Mannschaft ist in Wechselschichten organisiert. Einige halten Wache, andere ruhen.

Wie vergeht die Zeit an Bord?

Insbesondere bei Flaute, das heißt bei Windstille, bedarf es der Beschäftigung. Gern misst man sich mit dem Gegenüber – auch spielerisch. So spielt man das in der Wikingerzeit populäre Brettspiel Hnefatafl (Königstafel). In der Mitte des quadratischen Spielbretts steht der König, umgeben von seinen Gefolgsleuten, der sich gegen Angreifende verteidigen muss. Wenn es gelingt, den König in eine der vier Ecken des Spielfelds zu manövrieren, ist das Spiel gewonnen. Auf einem der Konstruktionshölzer eines der Schiffe aus dem Roskilde-Fjord findet sich der eingeritzte Grundriss eines solchen Spielplans. Die aus Glas, Speckstein oder Geweih, möglicherweise auch aus Holz gefertigten Spielsteine werden in den Seekisten aufbewahrt. Wie beliebt Brettspiele an Bord wikingerzeitlicher Schiffe sind, zeigt einmal mehr eine Decksplanke, die bei der Ausgrabung eines Brunnens in Århus (Store Torv) entdeckt wird. Sie trägt die Einritzung eines Mühlespiels.

Hnefatafl wird im Laufe der späten Wikingerzeit von Mühle (nitavl) und Schach abgelöst. 1831 werden im ostschottischen Lewis insgesamt 93 figurenförmige Steine aus Walrosselfenbein geborgen, die vermutlich zu vier Spielsets gehören. Die sehr gut erhaltenen Spielfiguren, darunter Könige, Königinnen, Bischöfe, Ritter und Bauern mit fein gearbeiteten Gesichtszügen, detailliert wiedergegebener Kleidung und einer Ausrüstung aus dem mittleren 12. Jh., treten uns heute als Zeugen einer längst vergangenen Zeit entgegen.

Als Musikinstrumente dienen Flöten aus Beinknochen von Säugetieren oder Vögeln. Lieder und Geschichten sind Teil der selbst praktizierten Unterhaltung an Bord. In den bei Festivitäten von Skalden weitergegebenen Liedern und Geschichten drücken

Im Jahr 1831 werden auf der schottischen Isle of Lewis 78 Schachfiguren gefunden. Sie stammen aus dem 12. Jh. und somit aus der Nachwikingerzeit. Der Gebrauch von Walrosselfenbein zur Herstellung von Spielfiguren lässt sich jedoch bereits in der Wikingerzeit nachweisen.

Bei starkem Wind wird die Segelfläche verkleinert. Ansonsten nimmt der Druck derart zu, dass das Schiff in starke Schräglage gerät. Der Vorgang zur Verkleinerung des Segels wird als Reffen bezeichnet.

Warum die im Boden deponierten Werte aus Edelmetall, darunter Münzen, Schmuck und Gefäße, nicht wieder geborgen werden, bleibt unklar. Waren sie für die »Ewigkeit« bestimmt? Sollten sie nach der Rückkehr des Besitzers wieder abgeholt werden? Zeigt ihre Zusammensetzung die Route bestimmter Schiffe an?

sich – mythenhaft überhöht – Ereignisse, Wünsche und Träume aus. Sie überliefern die kollektiv wahrgenommene Geschichte, erzählen von Göttern und Kriegern, schreckensvollen Ungeheuern, fantasievollen Tieren und starken Walküren. Das eine oder andere hat sich schließlich in den in christlicher Zeit aufgeschriebenen Sagas überliefert. Ob Gebete und Opfer an Bord oder in Nach- bzw. Vorbereitung der Reise erfolgen, ist nicht bekannt, aber anzunehmen.

Vor allem aber gibt es an Bord viele Momente, in denen die gesamte Aufmerksamkeit dem Schiff selbst gilt. Immer dann zählt jede Hand, wenn das Segel gesetzt, gerefft und eingeholt oder das Schiff gewendet werden muss. Die Segelfläche kann verkleinert oder vergrößert werden, indem man das Segel im unteren Teil mit Reffbändern zusammenbindet oder unten querliegende Stoffstreifen an das Segel anknüpft.

Gaben an die Götter zum Schutz vor Gefahren

Aus der Wikingerzeit sind keine detaillierten Berichte von Schiffsreisen überliefert. Die vom Wikingerschiffsmuseum Roskilde durchgeführten Versuchsreisen werden über ein herkömmliches Logbuch und ein hand-held-GPS dokumentiert. Hier werden wichtige Entscheidungen, Vorkommnisse und Beobachtungen, insbesondere auch zu den Wind- und Wetterverhältnissen, zum Segeltrimm und zur Segelposition festgehalten. Über diese technische Dokumentation hinaus gibt es psychische Herausforderungen, die durchaus in Abhängigkeit zu den Wind- und Wetterbedingungen, aber auch zur persönlichen Konstitution stehen.

Wie wappnet man sich gegen natürliche und menschliche Gefahren? Möglicherweise helfen »Gaben an die Götter«. Zahlreiche wikingerzeitliche Gold- und vor allem Silberfunde, bestehend aus Arm- und Halsringen sowie zum Teil beschädigten anderen Schmuckstücken oder kompletten und fragmentierten Münzen, sind aus allen Teilen Skandinaviens überliefert. Allein ihr Materialwert macht sie zu Schätzen. Ihre große Anzahl gibt der Forschung Rätsel auf.

Werden die offensichtlich absichtlich zur Wikingerzeit im Boden deponierten Funde ebenso vorsätzlich dort belassen, um schon im Diesseits für das Jenseits vorzusorgen? Werden die Deponierungen angelegt, bevor man die Schiffsreise mit möglicherweise ungewissem Ausgang antritt? Sollen sie im Boden eigentlich nur bis zur Rückkehr des Besitzers vor dem Zugriff Dritter gesichert werden? Zeigen die »Schatzfunde« gar an, dass ihre einstigen Besitzer von ihren Fahrten nicht zurückkehren? Möglicherweise bildet sich in den Schätzen aber auch der Versuch eines »Tauschgeschäfts« ab, um ein Wohlverhalten der Götter zu erbitten oder aber dies- und jenseitigen Gewinn.

Alle Antworten verbleiben hypothetisch. Sicher ist jedoch, dass sich in der Zusammensetzung der »Schatzfunde« die Einbindung in ein weiträumiges Handelsnetzwerk zeigt – vom Nordatlantik bis nach Nordafrika und vom Mittelmeer bis ins Mälarseegebiet.

Was treibt den Menschen eigentlich hinaus aufs Meer?

Ist es in Aussicht gestellter Reichtum? Der Wunsch nach einem besseren Leben? Abenteuerlust? Die Verpflichtung einem Gefolgsmann gegenüber? Was ist es im Falle der Wikingerschiffsnachbauten heute? Ist es der Wunsch nach wissenschaftlichem Erkenntnisgewinn? Sind es in einem Extremraum gemachte soziale Erfahrungen?

Sowohl damals wie heute ist es vermutlich auch eine die eigene Person überhöhende Leistung, gesund und erfahrener als zuvor von einer Seefahrt zurückzukehren. Für die Versuchsreise der »Sea Stallion«, dem Nachbau eines 30 m langen Kriegsschiffs (Skuldelev 2), vom dänischen Roskilde ins irische Dublin und zurück wird die sorgfältig zusammengestellte Mannschaft 2,5 Jahre lang trainiert – im Segeln, da die Mannschaft als »lebender Ballast« auch für den Gewichtsausgleich an Bord verantwortlich ist, und in sozialen Fertigkeiten, denn das Leben auf einem Schiff stellt insbesondere bei herausfordernden Wetterlagen eine Extremsituation dar. In der Wikingerzeit wächst man in die Tätigkeiten hinein. Das Erfahrungswissen wird beim Praktizieren weitergegeben. Doch vor Krankheit und Tod ist keiner gefeit und nur wenige vor Seekrankheit.

Nun könnte man meinen, dass die Versuche mit den Nachbauten nicht weiter gefährlich sind. Doch nicht alle Nachbauten kehren erfolgreich zurück. So gibt es eine Kopie des Oseberg-Schiffs in Originalgröße, die 1978 unter dem Namen »Dronningen« angefertigt wird. Sie sinkt ein Jahr später bei ihren ersten Segelversuchen im norwegischen Sunnmøre.

Ein schwedischer Nachbau des Gokstad-Schiffs namens »Ormen Friske«, der von der schwedischen Stadt Birka im Mälarsee durch den Södertalje-Kanal über Ystad und den Nord-Ostsee-Kanal in die Deutsche Bucht startet, zerbricht in stürmischer See 1950 vor der Hochseeinsel Helgoland in zwei Teile, die sich später am Pellwormer Strand und im Watt zwischen Sylt und Amrum auffinden. 15 tote Besatzungsmitglieder sind die Folge. Spekulationen überlagern das Wissen über die Untergangsursache. Als ein Grund werden Konstruktionsmängel in Erwägung gezogen. Immerhin wird das Schiff binnen sechs Wochen aus Kiefern- und nicht aus Eichenholz gebaut. Die Spanten werden statt aus krumm gewachsenem Holz aus zwei mit glatter Stoßfuge aneinandergefügten Stücken gefertigt. Gleiches gilt für den Kiel, der nicht aus einem Stück Eichenholz, sondern aus acht gestapelten Kiefernbrettern besteht. Daran zeigt sich einmal mehr die meisterhafte Schiffsbaukunst der Wikingerzeit, in der sich das Erfahrungswissen der Zeit spiegelt.

Heute erinnern zwei Gedenksteine an die Toten, von denen nur neun geborgen werden. Ein Gedenkstein steht in Pellworm nahe dem Fundort des Wracks, ein anderer im schwedischen Kalmar.

Mit Blick auf die Wikingerzeit erinnert dies an die Errichtung von Runensteinen, die zwischen 975 und 1025 in verschiedenen Landesteilen Skandinaviens aufgestellt werden. Sie schaffen – vergleichbar mit Gedenk- und Erinnerungssteinen – Verbindungen zu den Toten, auch wenn sie anderenorts gefallen sind.

Der Untergang der »Ormen Friske« am 22. Juni 1950 vor Helgoland kommt für alle unerwartet. In Erinnerung an die Opfer des Unglücks und an das Ereignis selbst wird ein Gedenkstein auf Pellworm errichtet, den auch das Bild eines Schiffs ziert. Pellwormer Fischer hatten das Heck des havarierten Schiffs entdeckt und die Leichen geborgen.

Begräbnisrituale besitzen einen gemeinschaftsbildenden Charakter für die Hinterbliebenen. Reich ausgestattete und auf dem Wasser in Brand gesetzte Schiffe müssen besonders beeindruckend gewesen sein. Archäologisch bleibt bei dieser Art von Bestattungszeremonie kein Hinweis erhalten. Die Abbildung zeigt ein brennendes Schiff beim Up Helly Aa Viking Festival in Lerwick. Ähnlich mag es in der Wikingerzeit ausgesehen haben.

Insbesondere dem Andenken dienende Runensteine werden an häufig frequentierten Stellen und Wegen positioniert. Ihre Inschrift verweist zumeist auf den Errichter des Steins und auf denjenigen, für den er aufgestellt wird. Wahlweise finden sich weitere Informationen, darunter Gebete, Flüche oder Gedenkformeln.

Effektvoll: Schiffe als Repräsentationsobjekte

Boote und Schiffe stellen wegen des erforderlichen technischen Wissens sowie des zu ihrem Bau und Unterhalt benötigten Aufwands einen Wert dar, der einer bestimmten Personengruppe vorbehalten bleibt. Segel müssen wegen des zu ihrer Herstellung nötigen Aufwands und ihrer Funktion als Teil des Antriebs als ähnlich wertvoll eingeschätzt werden. Erst durch Segelschiffe werden Fernfahrten möglich. Somit sind ihr Bau und ihre Benutzung als Ausdruck einer langfristig bestehenden ökonomischen Macht zu werten. Innerhalb der skandinavischen Gesellschaft genießen diejenigen hohes Ansehen, die Boote und Schiffe über die offene See steuern. Folglich zeigen Boote und Schiffe Status, aber auch militärische Stärke und Handelsbeteiligung an.

Aufwendige und prachtvolle Fahrt ins Jenseits

Im Jahr 1974 veröffentlicht Michael Müller-Wille seine Habilitationsschrift, mit der er die moderne Forschungsgeschichte zu Bootgräbern begründet. Mehr als 420 Bootgräber aus Nord- und Nordwesteuropa sind darin dokumentiert. Sie liegen in einem Gebiet, das sich von Island über Großbritannien und Skandinavien bis nach Finnland, Frankreich und Russland erstreckt.

Doch es müssen weitaus mehr Bootbestattungen sein, die uns wohl niemals bekannt werden. Gemeint sind die im heutigen russischen Raum auf Flüsse gesetzten und in Brand gesteckten Boote. Ibn Fadlan berichtet davon, ein arabischer Reisender aus dem 10. Jh., der mit eigenen Augen ein Bootsbegräbnis der Rus an der Wolga miterlebt.

Ibn Fadlan bestätigt, dass es status- und vermögensabhängig ist, welche Art der Bestattung wem zuteil wird. So erhält eine hochgestellte, vermögende Person ein aufwendig ausgestattetes und inszeniertes Begräbnis, anlässlich dessen eine Sklavin getötet und mitbestattet wird. Das als Grabbehältnis dienende Schiff wird reich ausstaffiert – mit Möbeln wie beispielsweise einem Bett, mit Teppichen, Musikinstrumenten, Früchten, Fleisch und Blumen. Der Tote wird in Festkleidung auf das Boot bzw. Schiff gebracht, ebenso Hunde, Pferde und Kühe. Vor dem Toten wird eine warme Mahlzeit zubereitet und seine Waffen niedergelegt. Begleitet von Musik, von verschiedenen Ritualen und Rezitationen wird das Schiff schließlich angezündet und aufs Wasser hinausgeschickt oder wahlweise auf einem Scheiterhaufen an Land verbrannt.

Doch ist dieses aufwendige Begräbnis für den Toten wichtig? Oder werden mit dem Bestattungsvorgang für die Hinterbliebenen selbst gemeinschaftsstiftende Rituale vollzogen, die sich heute nur indirekt in den archäologischen Spuren ablesen lassen? Sicherlich für beide. Für die Überlebenden ist das Ritual, vor allem aber auch die Pflege der Erinnerung bedeutsam, über nachfolgende Generationen hinweg.

Insbesondere gotländische Bildsteine lassen vermuten, dass die Schiffe auch im Zusammenhang mit der Erinnerungskultur eine bedeutende Rolle spielen. Häufig steht das Schiff im Zentrum des Bildprogramms, das aus Mythen und Sagas überlieferte Szenen umfasst. Das Schiff veranschaulicht die Vorstellungen zur Überfahrt ins Jenseits, das heißt die Reise der Toten über das Meer nach Walhall. Schiffe sind somit eine wichtige Quelle für religiöse Vorstellungen und Symbol für Abfahrt und Ankunft.

In den Grabhügeln und Schiffssetzungen sind führende und prominente Personen der Gesellschaft bestattet. Doch in welcher Beziehung sie zu dem Schiff stehen, ob sie dieses selber segelten oder ausschließlich bauen ließen und somit finanzierten, erschließt sich uns heute nicht mehr. Wichtig ist die Feststellung, dass das Schiff offenbar bis in den Tod von Bedeutung ist.

Über ihren praktischen Nutzen hinaus sind Schiffe in die damalige Glaubenswelt eingebunden. Neben ihrer Funktion als Transportmittel zeigt sich im Zusammenhang mit Grablegen eine weitere Bedeutungsebene, die in den Bereich der Erinnerungskulturen verweist – mit Blick auf strukturelle und statusanzeigende Funktionen. Auch aufgrund der für ihren Bau und Betrieb benötigten Ressourcen sind sie Ausdruck von Macht und Prestige.

Münzbilder mit Schiffen bezeugen ebenso wie Grabfunde, dass sich die Autorität wikingerzeitlicher Herrscher vor allem auch auf Schiffe stützt. Sie ermöglichen den Zugang zu Ressourcen, aber auch, die über Seewege miteinander verbundenen Territorien zu kontrollieren. Mit dem zunehmenden Wunsch, nicht nur Gebiete, sondern auch Meere zu beherrschen, wird das Schiff zu einem wachsenden Machtfaktor. Nicht zuletzt dank ihres Einsatzes gibt es am Ende der Wikingerzeit recht große zusammenhängende Königreiche.

Fester Bestandteil der damaligen Glaubenswelt

Grundsätzlich kann man davon ausgehen, dass Menschen der Wikingerzeit ein Bedürfnis nach strukturierter Weltordnung haben. Der Gebrauch des Schiffs ist eingebunden in die kosmologischen Vorstellungen der Zeit. Eine gesicherte kosmologische Ordnung ist für das Leben und das Verstehen der Umwelt wichtig. Geschehnisse und Naturereignisse werden als aktiv gestaltende Kraft der vielgestaltigen Götter erklärt.

Seefahrt ist vor allem von zwei sehr unterschiedlichen Göttern geprägt und abhängig. Dazu gehört Njord, der Gott des Winds, der als freundlicher Gott des ruhigen und schönen Wetters gilt und im Falle beängstigend starken Winds um Hilfe gebeten wird. Dazu zählt weiterhin der Gott des Meeres bzw. Riese des Meeres namens Aegir. Er ist kein guter Gott, da er Vergnügen am Umstoßen von Schiffen und Ertränken der Mannschaft empfindet, sobald ein Schiff – obwohl unwissentlich – über ihn fährt.

Wikingerzeitliche Schiffe sind nicht nur technisches Gerät, sondern Teil der zoomorphen Weltauffassung. Die Assoziation von Schiffen und Tieren drückt sich beispielsweise in den Benennungen der Schiffe aus als Kranich, Wurm, Drache und Wisent. So wissen wir aus dem um 1230 verfassten norwegischen Geschichtsbuch »Heimskringla« (Kap. 88), dass der norwegische König Olaf Tryggvasson ein Schiff mit vergoldetem Drachenkopf besitzt, das »Ormurin Langi« genannt wird, das heißt »lange Schlange«.

Versucht der Mensch damit, sich dem Meer als ihm nicht eigenen Naturraum zu nähern, indem er die Schiffe als Tiere begreift, auf denen man im übertragenen Sinne reiten kann?

Archäologische Funde zeigen, dass die Steven der Schiffe abnehmbar und in vielen Fällen auch verziert sind. Ganz offensichtlich haben sie abschreckende oder einschüchternde Wirkung, weshalb es gemäß des Landnámabók – eines altisländischen Texts, der als wichtige historische Quelle zur isländischen Besiedlung gilt – verboten ist, mit einem drachenkopfgeschmückten Steven auf das Land zuzusegeln. Das Gewahrwerden der farbigen Segel oder der Anblick der bemalten Drachenköpfe sind Teil der psychologischen Kriegsführung. Die Drachenköpfe werden eingesetzt, um die Gegner einzuschüchtern. Sie sind mit Leder oder Tauwerk an dem weit über die Bordwand emporragenden Steven befestigt und gezielt einsetz- oder verstaubar.

Auch die nordeuropäischen Hafenorte der Wikingerzeit scheinen mit einer als »Grimskalle« genannten Maske versehen zu sein, die auf einem Pfosten an der Hafeneinfahrt befestigt als Seezeichen dient.

Nicht zuletzt drückt sich die zoomorphe Gestaltungsfreude auch in der kunsthandwerklichen Ausgestaltung der Schiffe und Wetterfahnen mit verschlungenen Tierdarstellungen aus. Hieran zeigt sich, wie sehr die wikingerzeitlichen Vorstellungen kosmisch durchdrungen sind. Es finden sich geflügelte und sich schlängelnde Tiere in einem ornamentalen, häufig als kosmische Ordnung interpretierten Geflecht. Was auf den ersten Blick vielfach als reines Schmuckwerk erscheint, entpuppt sich bei eingehender Betrachtung als Tierdarstellung, eingebunden in Flechtwerkornamentik oder floralen Dekor. Die vielgestaltigen Verzierungen sind nicht ausgesuchten Einzelobjekten vorbehalten oder ausschließlich an hochwertige Materialien gebunden. Sie finden sich auf Gebrauchsgegenständen aus Holz oder Leder ebenso wie auf silbertauschierten Waffen oder aus Buntmetall gefertigten Schmuckstücken, außerdem auf Runensteinen und an Kirchenportalen.

Im wikingerzeitlichen Kunsthandwerk manifestiert sich das kulturelle Gedächtnis seiner Zeit. Alle Versuche, konkrete Aussagen über die inhaltliche Bedeutung der wikingerzeitlichen Tierstile zu treffen, bleiben zwangsläufig hypothetisch. In Hinblick auf ihre allgemeine Funktion können indes zwei Betrachtungsebenen unterschieden werden. Eine davon betrifft den persönlichen Bezug des Einzelnen zum Dargestellten, beispielsweise können die Abbildungen auf Fibeln und Gürtelschnallen apotropäischen Charakter, das heißt übelabwendende Funktionen, innegehabt haben. Die andere Ebene bezieht sich auf die Kennzeichnung ausgewählter Personengruppen durch bestimmte Motive bzw. Bildträger. Mit Glaubensäußerungen verbundene Schmuckformen wie Kreuzanhänger und Thorshämmer verweisen z. B. auf die Zusammengehörigkeit von Glaubensgemeinschaften. Gleichartig gefertigte, in ihrer Auflage limitierte Schmuckstücke, wie etwa Fibeln und Anhänger der so genannten Hiddenseekunst, können gezielt von einer bestimmten Person an eine zu bindende Gruppe verteilt werden.

Mit reich ausgestatteten Bootgräbern ins Jenseits

Die in ihrer archäologischen Überlieferung, aber auch aufgrund ihrer Forschungsgeschichte heute wohl eindrucksvollsten Bootgräber sind die aus Südnorwegen, die Mitte des 19. Jh. ausgegraben und heute in Museen gezeigt werden. Ihre Besonderheit besteht darin, dass sie nicht nur als Abdrücke im Boden erhalten

Inspiriert vom Fund des Gokstad-Schiffs werden verschiedene Zeichnungen und Gemälde angefertigt. Ziel ist es, das Schiff segelnd darzustellen. Dies ist auch die Intention des in der Abbildung gezeigten Wikingerschiffs im Sandefjord.

sind (wie im südenglischen Sutton Hoo) oder durch die Lage der Nägel und Nieten rekonstruierbar (wie im nordostdeutschen Groß Strömkendorf), sondern dass tatsächlich der Holzrumpf geborgen werden kann. Und dennoch sind die Nieten nicht nur als räumlicher Anhaltspunkt für die Lokalisierung von Schiffen sinnvoll und nützlich, sondern auch für eine erste grobe zeitliche Einordnung der Schiffe selbst. Eiserne Nieten finden im Schiffbau zwischen 400 und 1050 Verwendung.

Zwei Formen oberirdisch erkennbarer und somit für die Nachfahren sichtbarer Grablegen lassen sich unterscheiden: einerseits überhügelte, als Grabraum verwendete Schiffe, andererseits die Bestattungsareale kennzeichnende schiffsförmige Steinsetzungen.

Die in Südnorwegen gefundenen Schiffe werden als Grabkammer verwendet. Dabei gibt das geklinkerte Gokstad-Schiff Einblick in die Zeit, in der Kaufmann Ottar lebt. Das im späten 9. Jh. gefertigte Schiff aus Eichenholz wird 1880 in einem großen Grabhügel in Gokstad nahe dem Sandefjord geborgen. Auf dem Deck des mehr als 23 m langen und über 5 m breiten Schiffs befindet sich die Grabkammer eines Häuptlings mit herausragenden Beigaben, darunter drei Booten, zwölf Pferden und sechs Hunden. Das Schiff weist ein quadratisches Segel von rund 120 m^2 sowie 32 Ruder auf, die ebenso wie das Deck, der Mast und das Rigg aus Kiefer bestehen. Überträgt man die zur Anfertigung der Nachbauten benötigten Arbeitsstunden auf Größe und rekonstruierte Segelfläche des Gokstad-Schiffs, muss es sich um einen immensen Wert handeln, der dem Verstorbenen mitgegeben wird.

23 Jahre später entdeckt ein Bauer das Schiff von Oseberg, das 1904 freigelegt wird. Das Bild des reich verzierten Drachenkopfs wird in der norwegenaffinen Zeit um die Jahrhundertwende rasch beliebt. Bei seiner Auffindung ist das Schiff noch 21,5 m lang und rund 5 m breit. Die verwendete Eiche wird um 820 geschlagen und 834 unter dem Grabhügel vergraben. Das Schiff lässt sich durch 30 Ruderer oder den Gebrauch des Segels in seichten Küstengewässern bewegen.

In der Grabkammer ruhen die Überreste zweier Frauen. Die eine ist im Alter von etwa 80 Jahren verstorben. Die andere ist rund 25 bis 30 Jahre alt, als sie wohl ihrer Herrin als Dienerin ins Grab folgen muss. Hochwertige importierte Seide, ein Wagen und vier reich verzierte Schlitten und Truhen mit Proviant verweisen auf den hier bereiteten und auch im Leben genossenen Komfort. Etliche Tiere, darunter 15 Pferde, vier Hunde und zwei Ochsen, unterstreichen den Status ebenso wie die mitgegebenen Waffen.

Etwas bescheidener: schiffsförmige Steinsetzungen

Weniger aufwendig ausgestattete Gräber werden in nur symbolisch angedeuteten Schiffen angelegt. Hier wird – aus Kostengründen oder weil man gar nicht selbst über ein Schiff verfügt – auf das reale Boot verzichtet. Stattdessen bilden sorgfältig ausgewählte Findlinge eine Schiffsform nach, in der man Urnengräber niederlegt, das heißt Gefäße mit der Asche des zuvor verbrannten Leichnams. Das Gräberfeld von Menzlin auf einer kleinen heute bewaldeten Anhöhe stellt das südlichste uns bekannte Beispiel dar. Die Stevensteine sind vorn und achtern erhöht, in der Mitte ist die Kontur am niedrigsten. Nicht auszuschließen sind auch Schiffssetzungen aus Holzpfählen, die heute oberirdisch allerdings nicht mehr sichtbar und somit nur zufällig lokalisierbar sind.

Eines der größten Gräberfelder dieser Art – mit rund 200 schiffsförmigen Steinsetzungen – wird im dänischen Lindholm Høje entdeckt. In erhöhter Lage oberhalb des Limfjords befindet es sich strategisch klug an einem exponierten Ort. Es muss Signalwirkung für die Menschen haben – sowohl für die, die zum Bestattungsareal kommen und über die weite Landschaft blicken als auch für jene, die mit ihren Schiffen und Booten auf dem Limfjord fahren.

Die Menge an Beisetzungen zeigt, dass hier nicht nur königliche Bestattungen angelegt werden. Vielmehr scheint es sich um die Gräber derjenigen zu handeln, die zu Lebzeiten mit dem Schiff unterwegs gewesen sind oder im Zusammenhang mit Schiffen eine besondere Rolle eingenommen haben. Dies lässt der Blick nach Süden über die Ostsee vermuten. Dort liegt, benachbart zum wikingerzeitlichen Kerngebiet, der Seehandelsplatz von Menzlin.

Das Gräberfeld im vorpommerschen Menzlin mit schiffsförmigen Steinsetzungen liegt auf einer heute bewaldeten Anhöhe nördlich des Flusses Peene bei der Stadt Anklam. Der maritime Bezug der Bestatteten bzw. der Bestattenden ist in der Form des Grabes erkennbar. An der südlichen Ostseeküste mag diese Form der Beisetzung auch Identitätszugehörigkeit ausgedrückt haben.

Das wohl größte wikingerzeitliche Gräberfeld mit schiffsförmigen Steinsetzungen stammt aus Nordjütland. In Lindholm Høje befindet sich ein eindrucksvoll großes und topografisch prominent gelegenes Gräberfeld, das ein weithin sichtbarer Erinnerungsort ist.

Das Fundspektrum von Menzlin offenbart die Auswirkungen und Folgen des Schiffsverkehrs, nämlich direkte oder über Handelsstationen und -verbindungen indirekte Kontakte zu weit entfernten Orten. Hier gibt es u. a. verschiedene Objekte aus dem heutigen Skandinavien, eine sassanidische Drachme von Chosrau II. (591–628) und awarische Gürtelbeschläge. Den Hinweis auf einen nautisch versierten Personenkreis liefert – über die Bootsnachweise sowie Schiffshölzer- und Nietfunde hinaus – eine bisher in nur wenigen Exemplaren im Ostseeraum des 9. Jh. belegte Miniaturwetterfahne aus Bronze. Im Vergleich zu Binnenfahrzeugen sind hochseetüchtige Boote und Schiffe weitaus größeren Risiken und Unsicherheiten ausgesetzt, hauptsächlich in der Anfangszeit. Möglicherweise steht die Miniaturisierung des Gegenstands, ebenso wie bei Thronen zu beobachten, auch in diesem Falle mit einem Gebrauch als Amulett in Zusammenhang.

Schiffsförmige Steinsetzungen lassen sich bereits für die Bronze- und Eisenzeit im nordeuropäischen Raum nachweisen – unter Verwendung weitaus größerer Steinformate als in der Wikingerzeit selbst. Möglicherweise handelt es sich um die Rezeption eines alten Brauchs. Im norddänischen Jelling finden sich unweit einer mittelalterlichen Kirche zwei wikingerzeitliche Grabhügel, die über einer großen, zeitlich früheren schiffsförmigen Steinsetzung errichtet sind. Mit den benachbart aufgestellten Bild- und Runensteinen, der Steinsetzung, den Grabhügeln und der Kirche ist in Jelling ein wohl einzigartiges Ensemble der Erinnerungskultur überliefert: eine Ritual- und Gedenkstätte, verbunden mit der Darstellung damaliger Autoritäten.

Heute nicht mehr erkennbar, aber mit Sicherheit an diese Art von Orten zu knüpfen, sind Prozessionsfeierlichkeiten, die genau wie die reich ausgestatteten, weithin sichtbaren Gräber selbst zur Legitimierung einer Machtelite beitragen.

Klares Statement in unruhigen Zeiten

Die Anzahl an Bestattungen, die mit einem Boot oder mit bootsförmigen Steinen in Zusammenhang stehen, nimmt im Laufe der Wikingerzeit zu. Hierfür mag es verschiedene Ursachen geben. Generell bekommt das Schiff eine immer wichtigere Bedeutung nicht nur bei einigen wenigen, sondern generell. Zum Ende der Wikingerzeit werden die wiederholten Be-

kehrungsversuche im Zuge des herannahenden christlichen Mittelalters zunehmend massiv, sodass die Schiffsbestattungen eine letzte Manifestation der Tradition und des althergebrachten Glaubens darstellen – ein klares Statement in unruhigen Zeiten.

An der südlichen Grenze des dänischen Königreichs zum christlichen Kontinent zeigt sich bereits im 9. Jh. eine Vermischung verschiedener statusanzeigender Traditionen. Das Bootkammergrab von Haithabu scheint als Reflex auf die christlichen Nachbarn angelegt zu werden.

Hier wird das rund 20 m lange Schiff nicht wie sonst üblich als Grabkammer verwendet, stattdessen dient es zur oberirdischen Markierung einer in den Boden eingetieften Kammer mit Ausmaßen von 4,5 m × 2,5 m. Das in seinem Äußeren wohl am ehesten einem der Schiffe aus dem Roskilde-Fjord (Skuldelev 5) ähnelnde Boot befindet sich unter einem 40 m großen Hügel. Allein dieses Ensemble ist Ausdruck von Macht. Dazu kommt, dass der Tote seine letzte Reise nicht allein antritt, sondern mit zwei Gefolgsleuten.

Diese Schiffsbestattung in Haithabu ist unter allen bekannten Anlagen eine ganz ungewöhnliche. Sie wird aufgrund ihrer besonderen Konstruktion als Bootkammergrab bezeichnet. Das Schiff ist über eine im Boden eingebrachte Grabkammer gestellt und anschließend überhügelt. Noch ungewöhnlicher sind die Hinweise auf Gefolgsleute. Offenbar sind mit dem König ein Marschall mit zwei Zaumzeugteilen und ein Mundschenk mit einem Trinkeimer beigesetzt. Sie sind mit karolingischen Schwertern, skandinavischen Schilden und weiteren fränkischen Beigaben ausgestattet – einer Mischung aus fränkischen und skandinavischen Objekten.

Die Forschung sieht im Bestatteten Harald Klak. Er ist der dänische König, der nach der historischen Überlieferung enge Verbindungen zum Kontinent pflegt. Für das Jahr 826 ist sein Aufenthalt bei Kaiser Ludwig dem Frommen in der Pfalz Ingelheim bezeugt. Harald Klak geht den im 9. Jh. in Altdänemark revolutionären Schritt, sich taufen zu lassen. Aufgrund des dadurch erlangten Status als Vasall des Kaisers erhofft er sich, die dringend benötigte Unterstützung zu bekommen, die er zum Machterhalt im eigenen Land braucht. Im Zuge der Taufe wird er ausgestattet mit fränkischen Insignien wie Gewand und Schwert.

Die beiden Gefolgsleute liegen in einem von der königlichen Grabkammer abgetrennten Teil. Der König ist ausgerüstet mit karolingischer Spatha, Schwergurtbeschlägen, zwei skandinavischen Schilden, einem karolingischen Trinkglas, einem insularen Bronzebecken, kontinentalem Zaumzeug und einem Bündel Pfeile. Offenbar wirkt hier der Einfluss des karolingischen Hofes nach.

Grabhügel, Bootgrab und Grabkammer sind in dieser Kombination in der Wikingerzeit einzigartig und bisher nur aus Haithabu bekannt. Ansonsten finden sich entweder überhügelte Grabkammern oder überhügelte Schiffsbestattungen. Auch die Ausstattung macht das Bootkammergrab von Haithabu zu etwas Besonderem.

Das Bestattungsareal im dänischen Lindholm Høje besticht allein durch seine Weitläufigkeit. Mehr als 600 Gräber sind nachgewiesen – viele von schiffsförmigen Steinsetzungen umgeben. Der Transport der Steine wird eine Gemeinschaftsaufgabe gewesen sein – möglicherweise von Menschen mit maritimem Hintergrund.

Zum Nach- und Miterleben bietet das Wikingerschiffsmuseum Roskilde seinen Besuchern im Sommer Segelkurse an. Dabei ist es durchaus möglich, historisch anmutende Kleidung zu tragen.

Das Oseberg-Schiff ist erstaunlich gut erhalten. Seine elegante Form mit den verspielt wirkenden Voluten an Bug und Heck vermitteln ein sehr ästhetisches Gesamtbild. Sowohl auf dem Wasser als auch im Kontext des Begräbnisses wird das Schiff auf seine Betrachter imposant gewirkt haben.

Das Wikinger Museum Haithabu liegt gefällig in die Landschaft eingepasst. Das Gebäude ist aus Holz und somit aus dem Material errichtet, aus dem in der Wikingerzeit die Schiffe gebaut sind. Haithabu lässt sich heute nicht mehr mit dem Schiff erreichen. Vielmehr wird es von Reisebussen und anderen Fahrzeugen über Land angesteuert.

Im 19. und frühen 20. Jh. werden Wikinger in der Regel mit Gewalt, Plünderungen, langen Seereisen und Landnahmen im Nordatlantik assoziiert. Auf das Wikingerschiff wird die Vorstellung projiziert, Werkzeug und Fortbewegungsmittel heldenhafter und ruhmvoller Abenteurer zu sein. Gespeist wird diese Idee durch die Geschichten der Sagas. Sie erzählen von furchtlosen Kriegern und Poeten gleichermaßen, von prächtigen Schiffen und meisterhafter Seemannschaft, von magischem Glauben und mythischen Göttern. Demnach steht das Schiff in der Wikingerzeit für Wohlstand, Macht und Pracht. Die Präsentation dieser Funde bedeutet geichermaßen, Reichtum, Macht und Herrschaft auf ästhetische Weise zu kommunizieren. Das Wikingerschiffsmuseum (Vikingshipshuset) im norwegischen Oslo stammt aus einer Zeit, als die Entdeckung der archäologischen Schiffe, nationale Rückbesinnung Norwegens und der damalige Zweck von Museen aufeinandertreffen, die eigene Herkunft zu legitimieren und deren Bedeutung auch für nachfolgende Generationen sichtbar zu machen.

Erste Dauerausstellung zu Wikingern in Deutschland

Das Wikinger Museum Haithabu hingegen stammt aus einer Zeit, als infolge der Bildungsreform der 1960er Jahre ein neues Verständnis von Museen gilt. Insbesondere der unter dem NS-Regime ideologisch ausgedeuteten Archäologie mit ihrer personellen und ideellen Nähe zur Eliteeinheit »Wiking-Division« der Waffen-SS kommt nach dem Zweiten Weltkrieg ein sachlich beschreibender Vermittlungsauftrag zur Rehabilitation von Gegenstand und Fach zu.

1985 eröffnet das Archäologische Landesmuseum in Schleswig mit dem Wikinger Museum Haithabu

Das Wrack eines Kriegsschiffs wird 1979/80 geborgen. Es ist das Aushängeschild des Museums, da es vor den Augen der neugierigen Besucher wieder zusammengesetzt wird. Für den Ort Haithabu hatte das Schiff grundlegende Bedeutung im Zusammenhang mit Handel und Austausch.

die erste Dauerausstellung zu Wikingern in Deutschland überhaupt. Man erfährt, wie Forscher bei den Ausgrabungen vorgehen, welche wissenschaftlichen Fragestellungen sie verfolgen und welche methodischen Vorgehensweisen zum Einsatz kommen. Die partielle Rekonstruktion eines ehemals rund 30 m langen Schiffs mit 24 Ruderbänken aus dem 10. Jh., das 1979/80 im Haithabuer Hafenareal dokumentiert und geborgen wird, ist im Museumsraum zu sehen.

25 Jahre nach Ersteröffnung wird das Museum modernisiert und dabei dem mittlerweile erzielten Wissenszuwachs auch infolge verbesserter Untersuchungs- und digital gestützter Auswertungsmethoden ebenso Rechnung getragen wie einer neuen gestalterischen Ästhetik. Im Inneren des Halbkreiswalls und im wasserseitigen Bereich gibt es nun den Grabungsbefunden ausschnitthaft nachgebaute Häuser, eine imposante Steganlage sowie ein 10 m langes und 2 m breites, aus Eichenholz gefertigtes Schiff namens »Erik Styrimathr«. Die damit geschaffene Reenactment-Kulisse wird bei der alljährlichen Herbstmesse durch »Wikinger« belebt und ermöglicht so eine sinnliche Erfahrung der bereits im Museum angesprochenen Themen.

Der Ort unmittelbaren Erlebens innerhalb des Halbkreiswalls ist in die städtischen und touristischen

Der Betonbau des Wikingerschiffsmuseums Roskilde steht heute unter Denkmalschutz. Er besticht durch seine klare Formgebung und eine beeindruckend große Fensterfront mit Blick auf den Roskilde-Fjord und die Fundstelle der fünf dort geborgenen Schiffswracks. Beim Bau des Museumsgebäudes sind weitere wikingerzeitliche Schiffe ausgegraben worden.

Vermarktungs- und Vermittlungsbelange Schleswigs ebenso eingebunden wie in die Forschungsfragen von Landesmuseum und Landesarchäologie. Um das Jahr 2000 wurde das Innere des Halbkreiswalls mit zerstörungsfreien Prospektionsmethoden vermessen. Mithilfe dieses »unterirdischen Stadtplans« ist es nun möglich, den Besuchern auch die noch im »Archiv des Bodens« bewahrten Objekte und Informationen nahezubringen.

Verstehen und Empfinden

Im Wikingerschiffsmuseum Roskilde können Besucher die Prozesse technisch kennenlernen und emotional nachempfinden, was es bedeutet, ein Schiff zu bauen, zu betreiben und experimentell zu erforschen. Durch die Fertigung der Schiffe und ihren Betrieb vor Ort werden die Wahrnehmung für soziale und praktische Abläufe unterstützt, Neugierde geweckt und Emotionen freigesetzt. Der Verstand ist ebenso angesprochen wie die Gesamtheit von Denken und Fühlen. Das eigene Daseinsgefühl wird gesteigert. Hier geht es nicht um das vordergründig Schnelle und Konsumtive, sondern darum, Verständnis und Verstehen von Zusammenhängen zu ermöglichen.

Seit Gründung des Museums 1969 werden die Besucher auch in den Entwicklungsprozess und den Erkenntnisgewinn der sich parallel dazu entwickelnden experimentellen Schiffsarchäologie einbezogen. Zunächst wird das ausgestellt, was im Roskilde-Fjord an Wracks im Zusammenhang mit einer unterseeischen Schiffssperre gefunden wird und rekonstruiert werden kann. Die durchgeführten Experimente zur Rekonstruktion der Schiffe ermöglichen es den Betrachtern, sich schrittweise der historischen »Wirklichkeit« anzunähern. Hier zählt neben den authentischen archäologischen Überresten, die im Museumsgebäude mit Sichtbeziehung zu ihrem Auffindungsort präsentiert werden, das Prozesshafte des gelebten und damit vermittelten Experiments. Hier wird das Schiff nicht als statisch, sondern als Element eines sozialen Prozesses erfahren. Mit den Themensetzungen seiner Sonderausstellungen beweist das Wikingerschiffsmuseum Roskilde, dass es dabei nicht nur um die maritime Kultur und Technologie vor Ort geht, sondern dass die Schiffe Teil der globalen Geschichte sind.

Vernetzte Welt – damals und heute

Es ist spannend, dass wikingerzeitliche Schiffe im späten 19. und in der ersten Hälfte des 20. Jh. Projektionsfläche für nationale Identität sind, dass die Nachbauten in der zweiten Hälfte des 20. Jh. als Zeugnis für menschliche Fähigkeiten im Sinne der Ausbildung technischer Errungenschaften und seglerischer Belastbarkeit stehen und dass heute, zu Beginn des 21. Jh., Schiffe als Träger von Wissen und Informationen gelten. Durch die Schiffe der Wikinger werden Erfahrungen, Ideen, Vorstellungen und Objekte transportiert, die Welt wird vernetzt. Ebenso tun wir dies heute.

Der regelhafte Gebrauch des Segels bedeutet eine in Nordeuropa während der Wikingerzeit neue und nachhaltig wirksame technische Errungenschaft. Sie ermöglicht einen raschen und engen Austausch. Damals ist es das Schiff, das dem Landverkehr in Geschwindigkeit und Reichweite voraus ist. Heute ist es das Internet, das mit seiner virtuellen Kommunikati-

Auch heute sind Segeltrips gemeinschaftsbildend. Obwohl Besuchertouren im Wikingerschiffsmuseum Roskilde ausschließlich bei moderatem Wetter durchgeführt werden, erhalten die Mitsegelnden dennoch einen guten Einblick in das Leben und die Aufgaben an Bord eines wikingerzeitlichen Schiffs.

Im Wikingerschiffsmuseum Roskilde lässt sich der Bau von Schiffen haptisch, mental und sinnlich nachvollziehen. Die Anfertigung der Schiffe vor den Augen der Besucher ermöglicht es ihnen, den Fachleuten Fragen zu stellen. Somit treten Ausstellungsgegenstand und Besucher in direkten Kontakt zueinander.

Im Wikingerschiffsmuseum Roskilde werden die archäologisch überlieferten Wrackteile eingepasst in extra angefertigte Stützvorrichtungen und so gleichzeitig auch auf ästhetische Weise präsentiert.

on in Geschwindigkeit und Reichweite den analogen Austausch überholt.

Unser kulturelles Selbstverständnis sowie die sich daraus ableitenden Handlungen und Nutzungsweisen prägen unser Bild von der Wikingerzeit. So sind es Anfang des 21. Jh. die damalige US-Außenministerin Hillary Clinton und die Firma Bluetooth, welche die Verbindungen zwischen der Wikingerzeit und digitalen Technologien mit ihren Folgen für unser Kommunikations- und Informationsnetz öffentlich benennen. Hier zeigt sich, wie die eigene Lebenswirklichkeit als Zugang genommen wird, mit dem sich die Gesellschaft und Öffentlichkeit der Entschlüsselung von Geschichte bzw. Gegenwart annähert und in dessen Bezugsrahmen Geschichte gestellt und abgeglichen wird.

Die enge, wenn auch nicht sichtbare Verbindung und Verbundenheit weit entfernter geografischer Räume entsteht durch den Einsatz der Schiffe, die Wissenswelten in einer vorher unbekannten Weise zusammenbringen. Triebkraft und Motivation sind dabei sicherlich auch Neugierde, Fernweh und Abenteuerlust, also das, worauf nicht zuletzt der Tourismus und die Reisebranche setzen. Und steht nicht auch im Falle der Firma Bluetooth und des Internets Unternehmergeist im Vordergrund mit Mut zu Risiko und Abenteuerfreude?

Die Wikinger haben die Imagination verschiedener Generationen – und jede auf ihre Weise – gefangen genommen. Menschen in der gesamten Welt finden in der Inspiration durch die Geschichte und Kultur der Wikinger ihre Freude, Identität und Erholung. Möglicherweise ist es das mit dieser Zeit verbundene Abenteuer oder die Nähe zum Lebensraum Meer. Die Wikinger sind nur durch die Dicke der Plankenstärke vom Wasser getrennt und mit diesem durch die Riemen indirekt verbunden. Die Schiffstypen aller nachfolgenden Zeiten haben zunehmend höhere Bordwände und schaffen damit eine fortschreitende Distanz zum Wasser.

Der norwegische Sognefjord ist der längste und tiefste Fjord. Er ist bei Malern und Fotografen, ebenso bei Kultur- und Naturtouristen gleichermaßen beliebt.

Glossar

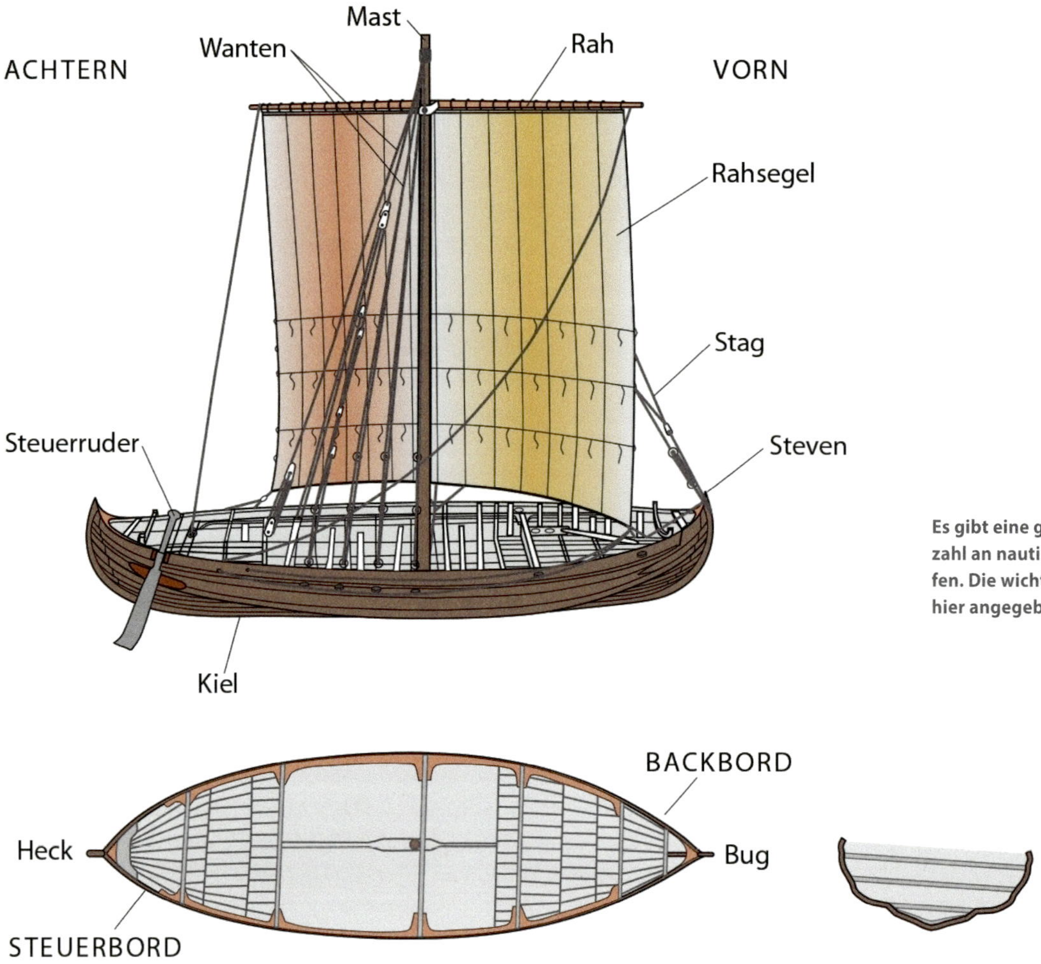

Es gibt eine große Vielzahl an nautischen Begriffen. Die wichtigsten sind hier angegeben.

Abdrift
Abtreiben eines Schiffs, das heißt Abweichung vom angestrebten Kurs durch Seitenwind, Seegang und Strömung

achtern
hinten

Backbord
linke Seite eines Schiffs, vom Heck zum Bug gesehen

Bake
Seezeichen

Bodenwrange
Querträger im Bodenbereich von Schiffen, die Außenhaut, Spanten und Kiel miteinander verbinden

Bug
vorderer Teil des Schiffsrumpfes

Dolle
zur Befestigung von Riemen an der Bordkante

Freibord
über der Wasserlinie liegender Teil des Schiffs

Heck
hinterer Teil des Schiffsrumpfes

Kalfat
Dichtmasse aus organischem Material (fettgetränktes Moos oder Tierhaar), das mithilfe von Kalfateisen und -hammer zwischen die Schiffsplanken gehämmert und mit Birkenpech verstrichen wird, um Eindringen von Wasser zu verhindern

Kiel
unterer, von vorn bis achtern durchgehender verstärkter Teil des Schiffs, an dem die Plankengänge angebracht sind

Kielschwein
baulicher, über den Bodenwrangen verlaufender Längsverband, um dem Schiffsrumpf Längssteifigkeit zu geben und Anbindung für Spanten und Bodenwrangen

Klinkerbauweise
Bauweise mit dachziegelartig überlappend angebrachten Schiffsplanken

Knoten
nautisches Geschwindigkeitsmaß; abgekürzt kn

Lenzen
Entfernen von Wasser aus einem Schiff mithilfe eines Gefäßes, in späterer Zeit mithilfe von Pumpen

Lot
schwerer, an einer Schnur befestigter Gegenstand zur Messung der Wassertiefe

Planke
langes, an der Außenhaut oder am Boden eines Schiffs befestigtes Brett

Rah
horizontal angebrachtes Rundholz, an dem ein rechteckiges oder trapezförmiges Segel angebracht ist

Rahsegel
rechteckiges oder trapezförmiges Segel, das an einer Rah befestigt ist

Riemen
langschmales Vortriebsmittel, um ein gerudertes Boot oder Schiff mithilfe von Muskelkraft fortzubewegen

Rigg
Takelage eines Segelschiffs, bestehend aus »stehendem Gut« (Mast) und »laufendem Gut« (Tauwerk, Wanten und Stage)

Schiffssperre
unter Wasser gelegenes Hindernis für die Schifffahrt

Segeltrimm
Einstellung des Segels auf den Wind, um optimale Fahrt aufnehmen zu können

Skalde
höfischer Dichter im wikingerzeitlichen und mittelalterlichen Skandinavien

Spant
tragendes Bauteil zur Verstärkung des Rumpfes und Träger der Beplankung eines Schiffs

Stage
Absteifungen in Längsrichtung des Schiffs

Steuerbord
rechte Seite eines Schiffs, vom Heck zum Bug gesehen

Steuerruder
an der Backbordseite befestigtes Ruder, das dem Kurshalten und der Richtungsänderung des Schiffs dient

Steven
nach oben gerichteter vorderer und hinterer Abschluss des Schiffs

Wanten
stützen den Mast in Querrichtung

Die Fjordlandschaften Norwegens wirken auf ihre Betrachter imposant. Wilhelm II. nutzt die Erhabenheit dieser Landschaft für seine eigene Propaganda. Vom Schiff aus gesehen haben die hohen Bergmassive und engen Fjorde eine besonders beeindruckende Wirkung.

Touristische Hinweise

Deutschland

Wikinger Museum Haithabu

Das Wikinger Museum Haithabu bei Schleswig ist das einzige seiner Art in Deutschland. Sein facettenreiches Gebäude erinnert an umgedrehte Wikingerschiffe und liegt landschaftlich sehr reizvoll in unmittelbarer Nachbarschaft zu dem heute noch mehrere Meter hohen Wall, der einst die wikingerzeitliche Siedlung schützte. Mit Glück kann man im Freigelände mit als Wikingern verkleideten Experten ins Gespräch kommen oder gar den Forschern beim Ausgraben über die Schulter gucken.
Tipp: Einmal im Jahr findet die mehrtägige »Herbstmesse« statt. Hier können Sie »Wikinger« in Aktion erleben, wikingerzeitliche Speisen kosten und sich am bewaffneten und unbewaffneten Kräftemessen erfreuen.
Lage: Haithabu liegt südlich der Schlei gegenüber der Stadt Schleswig in Schleswig-Holstein, wenige Kilometer östlich der Autobahn 7.
www.schloss-gottorf.de/haithabu

Menzlin

Auf einer baumbestandenen Anhöhe im Peenetal finden Sie eine in Deutschland einzigartige Konzentration schiffsförmiger Steinsetzungen. Die Steine sind vorn und hinten größer und ragen höher empor als die seitlich gesetzten. Sie deuten Bug und Heck an. In ihrem Inneren liegen Urnen mit Aschebrand und auf dem Scheiterhaufen verbrannten Schmuckgegenständen, Glasperlen und Wetzsteinen. Zur Peene mit ihren Anlagestellen und Stegen hin erstreckte sich das Siedlungsgebiet mit kleinen Werkstattbauten und einst Handel treibenden Personen.
Tipp: In Menzlin können Sie Kanus ausleihen und Floßfahrten auf der Peene buchen. Damit lassen sich das Areal der wikingerzeitlichen Siedlung und die bewaldete Anhöhe mit den schiffsförmigen Steinsetzungen vom Fluss aus erleben – ebenso wie es die Wikinger sahen.
Lage: Menzlin befindet sich rund 25 km östlich der Autobahn 20 und etwa 5 km westlich der Stadt Anklam.
www.mv-trip.de/altes-lager-menzlin

Wer wikingerzeitliche Schiffe, schiffsförmige Steinsetzungen oder Bildsteine mit Schiffsdarstellungen erleben möchte, sollte sich sieben ausgewählte Museen in Dänemark, Deutschland und Norwegen ansehen. Es sind sehenswerte In- und/oder Outdoor-Museen mit ganz unterschiedlicher Geschichte und Ausstellungsdidaktik. Ein jedes lohnt, besucht zu werden.

Dänemark

Lindholm Høje

Ähnlich wie in Menzlin, nur in weitaus größerer Anzahl gibt es in Lindholm Høje eine Anhöhe mit annähernd 700 Steinsetzungen – darunter viele, die an Schiffsformen erinnern. Diese sind ebenso wie die kreisförmigen und dreieckigen Steinsetzungen für die Niederlegung von Urnen errichtet. Benachbart liegt der Siedlungsbereich mit Blick auf den Limfjord. Das ehemalige Siedlungs- und Bestattungsareal erinnert in seiner Ausgestaltung und Lage an Menzlin.
Tipp: Benachbart zum eindrucksvollen Freigelände ist das Lindholm Høje Museum ein lohnendes Ziel.
Lage: Lindholm Høje erreicht man über die Europastraße E45 nördlich der dänischen Stadt Aalborg.
www.nordmus.dk/lindholm-hoje-museet

Wikingermuseum Ladby (Vikingemuseet Ladby)

Das Wikingermuseum Ladby präsentiert in Originalgröße die Überreste des einzigen bekannten wikingerzeitlichen Schiffs Dänemarks. Unter einem Grabhügel verborgen, ist es nur als Abdruck im Boden erhalten. Hier sehen Sie die Bestattung eines Wikingers in einem Schiffsgrab des 10. Jh. Das Museum liegt ganz in der Nähe des Fundorts und zeigt anschaulich den Aufwand, der zur Anlage eines wikin-

gerzeitlichen Bootgrabs betrieben wird: die Anlage eines hohen Grabhügels über dem Schiff und die Ausstattung des Schiffs selbst mit einer Vielzahl an mitgegebenen Pferden und Hunden.
Tipp: Das Museum mit begehbarem Grabhügel befindet sich direkt südlich des Kerteminde-Fjords. Hier lohnt ein Blick auf die Landschaft. Erst dann versteht sich der Aufwand des überhügelten Schiffs. Der Tote wurde strategisch an einer ökonomisch bedeutsamen Wasserstraße und nachwirkend sichtbar bestattet.
Lage: Ladby im Osten der dänischen Insel Fünen ist 14 km von der Autobahn E 20 entfernt.
www.vikingemuseetladby.dk

Wikingerschiffsmuseum Roskilde (Vikingeskibsmuseet Roskilde)

Auf dem Freigelände des Wikingerschiffsmuseums Roskilde können Sie den Bau von Schiffen hautnah und mit allen Sinnen erleben. Es riecht und klingt nach geteerten Holzschiffen, die hier gefertigt, repariert, zu Wasser gelassen und gesegelt werden. Das denkmalgeschützte Ausstellungsgebäude mit beeindruckendem Panoramafenster bietet einen wunderbaren Blick auf den Roskilde-Fjord und die Fundstelle der fünf wikingerzeitlichen Schiffswracks. Dabei stehen Sie direkt neben den ästhetisch schön präsentierten archäologischen Überresten.
Tipp: Als einziges bietet das Museum während der Sommermonate (Mai bis September) Segeltouren und Segelkurse in den eigens angefertigten Nachbauten der Wikingerschiffe an. Hier können Sie nachempfinden, was es bedeutet, an Bord eines wikingerzeitlichen Schiffs zu sein und ein Segel oder gar die Ruderanlage zu bedienen.
Lage: Roskilde befindet sich 30 km westlich von Kopenhagen, direkt am Roskilde-Fjord.
www.vikingeskibsmuseet.dk/de

Norwegen

Wikingerschiffsmuseum Oslo (Vikingskipshuset Oslo)

Die weltweit am besten erhaltenen Wikingerschiffe sind im Wikingerschiffsmuseum Oslo zu besichtigen. Die technisch hochwertig und kunsthandwerklich aufwendig gearbeiteten Schiffe aus Gokstad und Oseberg wirken allein für sich. Darüber hinaus sind kleinere Boote, Schlitten, Wagen und Gerätschaften zu sehen. Sie belegen den sorgfältig betriebenen Aufwand für die letzte Reise ins Totenreich. Das sakral anmutende Museumsgebäude unterstreicht die von den Schiffen selbst ausgehende Erhabenheit und lässt ihre Wirkung auf die Betrachter entfalten. Es ist anzunehmen, dass diese Schiffe auch in der Wikingerzeit in dieser Weise begeisterten.
Tipp: Die Ausgrabungsstätten von Oseberg- und Gokstad-Schiff liegen in der rund 1,5 Autostunden entfernten Region Vestfold. Ein Ausflug dorthin ist wegen der archäologisch überlieferten Landschaft sehr empfehlenswert.
Lage: Das Wikingerschiffsmuseum auf der Halbinsel Bygdøy befindet sich direkt in der norwegischen Hauptstadt Oslo.
www.khm.uio.no/besok-oss/vikingskipshuset

Schweden

Gotlands Museum Fornsalen

Das Gotlands Museum auf der gleichnamigen schwedischen Insel präsentiert einen beeindruckenden Raum mit einer Vielzahl an gotländischen Bildsteinen. Hier verstehen Sie, wie groß die Steine insgesamt sind und welch bemerkenswertes Bildprogramm sie tragen. Die mystisch ausgeleuchtete Inszenierung der Bildsteine mutet an ihren Gebrauch im Zusammenhang mit der Erinnerungs- und Gedenkkultur ihrer Zeit an. Das Bildprogramm der Steine verweist plastisch auf die wikingerzeitliche Vorstellungswelt, in der Schiffe eine wichtige Rolle spielten.
Tipp: Ein 3 m hoher Bildstein mit Schiffsdarstellung ist im Freiluftmuseum Bunge westlich von Fårøsund auf der schwedischen Ostseeinsel Gotland zu sehen. Sein ursprünglicher Aufstellungsort ist ein anderer. Dennoch ist es eindrucksvoll, den Stein in der Landschaft und nicht im Museum zu erleben und auf sich wirken zu lassen.
Lage: Das Gotlands Museum ist in der Hauptstadt Visby auf der Westseite der schwedischen Ostseeinsel gelegen.
www.gotlandsmuseum.se/fornsalen

Literatur

Harry Alopaeus: Der Schiffsfund von Lapuri. In: Deutsches Schiffahrtsarchiv 11 (1988) 21–34.

Erik Andersen/Ole Crumlin-Pedersen/Søren Vadstrup/Max Vinner: Roar Ege. Skuldelev 3 skibet som arkæologisk eksperiment (Roskilde 1997).

Erik Andersen/Anne Nørgård: Et udsejl til Oselven. Arbejdsrapport om fremstillingen af et uldsejl til en traditionel vestnorsk båd (Roskilde 2009).

Magnus Andersen: Vikingefaerden. En illustrert Beskrivelse af »Vikings« Reise i 1893 (Kristiania 1895).

Eva Andersson: The common thread. Textile production during the late Iron Age – Viking Age. Institute of Archaeology Report Series/University of Lund 67 (Lund 1999).

Eva Andersson: Excavations in the Black Earth 1990–1005. Tools for textile production from Birka and Hedeby. Birka Studies 8 (Stockholm 2003).

Janet Bateley (Hrsg.): Text and translation. The three parts of the known world and the geography of Europe north of the Danube according to Orosius' Historiae and its Old English version. In: Janet Bateley/Anton Englert (Hrsg.): Othere's Voyages. A late 9th-century account of voyages along the coasts of Norway and Denmark and its cultural context. Maritime Culture in the North 1 (Roskilde 2007) 40–50.

Jan Bill: Piracy and naval organisation in the Baltic Sea in the 9th century: some security considerations concerning Wulfstan's voyage. In: Anton Englert/Athena Trakadas (Hrsg.), Wulfstan's Voyage: the Baltic region in the early Viking Age as seen from shipboard. Seminar held at Wismar on 24.–25. September 2014. Maritime Culture of the North (Roskilde 2009) 343–353.

Vibeke Bischoff et al.: Schiffsbau und Seefahrt. In: Michaela Helmbrecht (Hrsg.): WIKINGER! Begleitbuch zur Erlebnisausstellung WIKINGER! Im Ausstellungszentrum Lokschuppen Rosenheim, 11. März bis 4. Dezember 2016 (Rosenheim 2016) 130–137.

Nils Bonde/Arne Emil Christen: Dendrochronological dating of the Viking Age ship burials at Oseberg, Gokstad and Tune, Norway. Antiquity 67 (1993) 575–83.

David H. Caldwell/Mark A. Hall/Caroline M. Wilkinson: The Lewis Chessmen. Unmasked (Edinburgh 2010).

Arne Emil Christensen: The Gokstad faering replica. International Journal of Nautical Archaeology and Underwater Exploration 5 (1976) 275–278.

Arne Emil Christensen: »Viking«. A Gokstad Ship Replica from 1893. I: Sailing into the Past (Roskilde 1984) 68–77.

Arne Emil Christensen: The Viking weathervanes were not navigation instruments. Fornvännen 93 (Stockholm 1998) 202–203.

John M. Coles: Experimental Archaeology. Theory and Principles. BAR Supplementary Series 29 (London 1977).

Bill Cooke/Carol Christiansen/Lena Hammarlund: Viking woolen square-sails and fabric cover Factor. The International Journal of Nautical Archaeology 31/2 (2002) 202–210.

Bundesamt für Verfassungsschutz (Hrsg.): Rechtextremismus: Symbole, Zeichen und verbotene Organisationen (Köln 2015).

Simon Coupland: The Vikings on the Continent in Myth and History. History 88 (2003) 186–203.

Ole Crumlin-Pedersen/Olaf Olsen: Fem vikingeskibe fra Roskilde Fjord (Roskilde 1969).

Ole Crumlin-Pedersen: Some Principles for the Recording and Presentation of Ancient Boat Structures. BAR Supplementary Series 1/29 (1977) 163–177.

Ole Crumlin-Pedersen: Søvejen til Roskilde (Roskilde 1978).

Ole Crumlin-Pedersen: Viking-age ships and shipbuilding in Hedeby – Haithabu and Schleswig. Ships and boats of the north 2 (Roskilde/Schleswig 1997).

Ole Crumlin-Pedersen: The Skuldelev Ships. Topology archaeology, history, conservation and display (Roskilde 2002).

Ole Crumlin-Pedersen/Birgitte Munch Thye (Hrsg.): The Ship as Symbol in Prehistoric and Medievel Scandinavia. Papers from an International Research Seminar at the Danish National Museum Copenhagen 1994. Publications from the National Museum Studies in Archaeology & History 1 (Copenhagen 1995).

Andreas Siegfried Dobat: Snekke-Namen an der Schlei. Zeugnisse einer maritimen Infrastruktur im Umfeld von Haithabu und Schleswig? Archäologisches Korrespondenzblatt 32 (2002) 607–619.

Ute Drews: Unsinkbar! Das Wikingerschiff in Werbung, Kunst und Alltag. Sonderausstellung im Wikinger Museum Haithabu vom 4. April bis zum 30. September 2007 (Schleswig 2007).

Ute Drews: Wikinger in Kunst, Design, Werbung und Selbstdarstellung. In: Michaela Helmbrecht (Hrsg.): WIKINGER! Begleitbuch zur Erlebnisausstellung WIKINGER! Im Ausstellungszentrum Lokschuppen Rosenheim 11. März bis 4. Dezember 2016 (Rosenheim 2016) 258–263.

Rune Edberg: Vikingaskeppet Ormen Friskes undergång: ett drama i kalla krigets skugga. Södertörm Archaeological Studies 2 (Stockholm 2014).

Detlef Ellmers: Frühmittelalterliche Handelsschiffahrt in Mittel- und Nordeuropa (Neumünster 1972).

Anton Englert: Large Cargo Vessels in Danish Waters 1000–1250. Evidence of specialised merchant seafaring prior to the Hanseatic period. Ships and boats of the North 7 (Roskilde 2015).

Anton Englert/Waldemar Ossowski: Sailing in Wulfstan's wake: the 2004 trial voyage Hedeby-Gdańsk with the Skuldelev I reconstruction Ottar. In: Anton Englert/Athena Trakadas (Hrsg.), Wulfstan's Voyage: the Baltic region in the early Viking Age as seen from shipboard. Seminar held at Wismar on 24.–25. September 2014. Maritime Culture of the North (Roskilde 2009) 257–270.

Jan Engström/Panu Nykänen: New Interpretations of Viking Age Weathervanes. Fornvännen, 91/3 (Stockholm 1996) 137–142.

Snorri Sturluson: Heimskringla – Sagen der nordischen Könige. Kommentiert von Hans-Jürgen Hube (Wiesbaden 2006).

Focke-Museum (Hrsg.): Graben für Germanien. Archäologie unterm Hakenkreuz (Stuttgart 2013).

Eva Häfele: Europäische Kulturstraßen. Ein Handbuch für die Praxis (Wien 2012).

Wildar Halen: Drachen aus dem Norden. Norwegische Goldschmiedekunst um die Jahrhundertwende und ihr Einfluss auf Deutschland (Oslo/Berlin 1993).

Michaela Helmbrecht: Die Wikinger und die politische Rechte. In: Michaela Helmbrecht (Hrsg.), WIKINGER! Begleitbuch zur Erlebnisausstellung WIKINGER! Im Ausstellungszentrum Lokschuppen Rosenheim 11. März bis 4. Dezember 2016 (Rosenheim 2016) 264–267.

Thor Heyerdahl: Tasting Wash-Trogh Watercraft in Three Oceans. In: Sailing into the Past (Roskilde 1984) 24–37.

Bente Holmberg/Jan Skamby Madsen: Da kom en snekke... Havnepladser fra 1000- og 1100-tallet? Kuml 1998, 197–224.

Gillian Hutchington: Medieval Ships and Shipping (London 1994).

Sean McGrail: Models, Replicas and Experiments in Nautical Archaeology. The Marinors Mirror 61/1 (1975) 3–8.

Sean McGrail: Experimental Boat Archaeology – Some Methodological Considerations. In: Sailing into the Past (Roskilde 1984) 8–17.

Sven Kalmring: Der Hafen von Haithabu. Ausgrabungen in Haithabu 14 (Neumünster 2010).

Sunhild Kleingärtner: Die frühe Phase der Urbanisierung an der südlichen Ostseeküste im ersten nachchristlichen Jahrtausend. Studien zur Siedlungsgeschichte und Archäologie der Ostseegebiete 13 (Neumünster 2014).

Landesamt für Verfassungsschutz Sachsen (Hrsg.): Mit Hakenkreuz und Totenkopf. Wie sich Rechtsextremisten zu erkennen geben (Dresden 2005).

Gunilla Larsson: Ship and Society. Maritime Ideology in Late Iron Age Sweden (Uppsala 2007).

Niels Lund: If the Vikings Knew a Leding – What Was It Like? In: B. Ambrosiani/H. Clarke (Hrsg.): Developments Around the Baltic and the North Sea in the Viking Age. The Twelfth Viking Congress 3. Birka Studies 3 (Stockholm 1994) 100–105.

Birgit Marschall: Die Nordlandfahrten Kaiser Wilhelms II. Schriften des Deutschen Schiffahrtsmuseums 27 (Bremerhaven 1991).

Michael Müller-Wille: Boat-graves in northern Europe. The International Journal of Nautical Archaeology and Underwater Exploration 3/2 (1974) 187–204.

Michael Müller-Wille: Das northumbrische Kloster Lindisfarne im Jahre 793. Die Überfälle von Wikingern auf Klöster der Britischen Inseln und ihre Folgen in der historischen und archäologischen Überlieferung. Acta Praehistorica et Archaeologica 34 (2002) 225–240.

Søren Nielsen: Experimental Archaeology at the Viking Ship Museum in Roskilde. In: Lucy Blue/Fred Hocker/Anton Englert (Hrsg.): Connected by the Sea: Proceedings of the Tenth International Symposium on Boat and Ship Archaeology, Denmark 2003 (Haverston 2016) 16–20.

Søren Nielsen: The Sea Stallion of Glendalough. Reconstructing a Viking-age longship. In: Klaus Staubermann (Hrsg.): Reconstructions. Recreating Science and Technology of the Past (Edinburgh 2011) 59–82.

Erik Nylén/Jan Peder Lamm: Bildsteine auf Gotland (Neumünster 1991).

Heinz-Dieter Quack/Kristiane Klemm (Hrsg.): Kulturtourismus zu Beginn des 21. Jahrhunderts: Festschrift für Albrecht Steinecke (Oldenbourg/München 2013).

Flemming Rieck: The Developement of Danish Ship Archaeology, Documentation – Conservation – Theoretical Aspects – The Management Perspective. SAMR, Stockholm Marine Archaeology Reports (Stockholm 1995).

Peter Sawyer (Hrsg.): Die Wikinger. Geschichte und Kultur eines Seefahrervolkes (Stuttgart 2000).

Kurt Schietzel: Spurensuche Haithabu. Archäologische Spurensuche in der frühmittelalterlichen Ansiedlung Haithabu. Dokumentation und Chronik 1963–2013 (Neumünster/Hamburg 2014).

Uwe Schnall: Navigation der Wikinger. Schriften des Deutschen Schiffahrtsmuseums (Oldenburg/Hamburg 1981).

Søren Sindbaek/Athena Trakadas (Hrsg.):The world in the Viking age (Roskilde 2014).

Jan Skamby Madsen: Leding. Skalk 4 (1995).

Albrecht Steinecke: Management und Marketing im Kulturtourismus. Basiswissen – Praxisbeispiele – Checklisten (Wiesbaden 2013).

Egon Wamers (Hrsg.): Die letzten Wikinger. Der Teppich von Bayeux und die Archäologie (Frankfurt 2009).

Mathias Wemhoff (Hrsg.): Die Wikinger. 10. September 2014 bis 4. Januar 2015, Martin-Gropius-Bau Berlin (München 2014).

Andreas Wörle: Grossdeutschland und die See. Ausstellung in München vom 24. September 1941 bis 31. Januar 1942 im Deutschen Museum in München (München 1941).

Bildnachweis

U1 Werner Karrasch, Vikingeskibsmuseet, Danmark; U4l Werner Karrasch, Vikingeskibsmuseet, Danmark ; U4m akg-images/Fototeca Gilardi; U4r akg-images/Album/Rat Pack Filmproduktion Gmbh/Constantin Film Produktion; Frontispiz Werner Karrasch, Vikingeskibsmuseet, Danmark; S6 akg-images/De Agostini/N. Cirani; S8 akg-images/TT News Agency/SVT; S9l Les Arts Décoratifs, Paris/Jean Tholance/akg-images; S9r akg-images, K. Winter/I. Reese; S10o akg-images/Album/Rat Pack Filmproduktion Gmbh/Constantin Film Produktion; S10u akg-images /Album/Rat Pack Filmproduktion Gmbh/Constantin Film Produktion; S11 akg-images/Album/Dreamworks Animation/Mad Hatter Entertainment; S12–13 akg-images/Album/WORLD 2000 ENTERTAINMENT; S14 picture alliance/R4200; S15o AKG/Werner Forman; S15u Science Photo Library/akg-images; S16 bpk; S17 Werner Karrasch, Vikingeskibsmuseet, Danmark; S18o akg-images/IAM; S18u akg-images/Fototeca Gilardi; S19 akg-images/De Agostini/D. Minassian; S20 bpk; S21 Werner Karrasch, Vikingeskibsmuseet, Danmark; S22o Peter Palm, Berlin; S22u Hauke Jöns; S23o dpa/Carsten Rehder; S23u akg-images/De Agostini Picture Library; S24 akg-images/De Agostini Picture Lib./G. Wright; S25o akg-images/De Agostini Picture Lib./A. Dagli Orti; S25u Wikinger Museum Haithabu; S26o Wikinger Museum Haithabu; 26m Picture-Alliance/KEYSTONE; S26u NASA; S27 akg/Bildarchiv Steffens; S28o Deutsches Schiffahrtsmuseum Bremerhaven; S28u akg-images; S29o akg-images/Fototeca Gilardi; S29–S30o Wikinger Museum Haithabu; S31 akg-images/De Agostini/C. Balossini; S32 dpa/Georg Wendt; S33 akg-images/De Agostini/C. Balossini; S34 akg/Bildarchiv Steffens; S35 dpa – Bildarchiv; S36 akg-images; S37o Werner Karrasch, Vikingeskibsmuseet, Danmark; S37u dpa; S38o Werner Karrasch, Vikingeskibsmuseet, Danmark; S38u Lars Kann Rasmussen, Vikingeskibsmuseet, Danmark; S39o picture alliance/blickwinkel; S39m picture alliance/blickwinkel/H. Baesemann; S39u akg-images/Richard Booth; S40o Christina Bollen/Alamy Stock Foto; S40u Heritage-Images/CM Dixon/akg-images; S41 Morten Gøthche, Vikingeskibsmuseet, Danmark; S42 Werner Karrasch, Vikingeskibsmuseet, Danmark; S44–45 Werner Karrasch, Vikingeskibsmuseet, Danmark; S47 Flemming Bau, Aarhus; S48–49 Wikinger Museum Haithabu; S50 akg-images; S51o Wikinger Museum Haithabu; S51u akg-images/De Agostini Picture Lib./M. Seemuller; S52 bpk/Herbert Kraft; S53 akg-images/Science Photo Library/Cci Archives; S54–55 akg-images/Albatross/Duby Tal; S56 akg-images; S57 akg-images/Werner Forman; S58o akg-images/Erich Lessing ; S58u Werner Karrasch, Vikingeskibsmuseet, Danmark; S59 dpa – Report/Maurizio Gambarini; S60o akg-images/JEAN SOUTIF/LOOK AT SCIENCES/SCIENCE PHOTO LIBRARY; S60u akg-images/Werner Forman; S61–62o Werner Karrasch, Vikingeskibsmuseet, Danmark; S62u Wikinger Museum Haithabu; S63o picture alliance/Bildagentur-online; S63u akg-images/Jürgen Sorges; S64–67 Werner Karrasch, Vikingeskibsmuseet, Danmark; S68 Christer Åhlin, Statens Historiska Museum; S70 Deutsches Museum, München, Archiv, CD_61361; S71 akg-images; S72 Werner Karrasch, Vikingeskibsmuseet, Danmark; S73 dpa – Report/Timo Lindemann; S75 Olaf Olsen, Vikingeskibsmuseet, Danmark; S76o Fotograf ukendt, Vikingeskibsmuseet, Danmark; S76u Werner Karrasch, Vikingeskibsmuseet, Danmark; S77 akg-images/Album/Prisma; S78 Peter Palm, Berlin; S80–81 Werner Karrasch, Vikingeskibsmuseet, Danmark; S82o akg-images; S82u Werner Karrasch, Vikingeskibsmuseet, Danmark; S83 bpk/The Trustees of the British Museum; S84 By Fl.schmitt (Own work) [CC BY 3.0 (creativecommons.org/licenses/by/3.0)], via Wikimedia Commons; S85 picture alliance/empics/ Jane Barlow; S87 bpk; S88 dpa – Bildarchiv; S89 akg-images/De Agostini Picture Library; S90 akg-images; S91 akg-images/De Agostini Picture Lib./G. Dagli Orti; S92o bpk/The Trustees of the British Museum; S92u Wikinger Museum Haithabu; S93o Wikinger Museum Haithabu; S93u Heritage-Images/Art Media/akg-images; S94o Werner Karrasch, Vikingeskibsmuseet, Danmark; S94u akg-images/IAM; S95o dpa-Bildarchiv – Ulrich Perrey; S95u dpa-Bildarchiv – Stefan Hesse; S96–98 Werner Karrasch, Vikingeskibsmuseet, Danmark; S99 akg-images/De Agostini Picture Lib./G. Wright; S100–101 picture alliance/Design Pics; S102 Peter Palm, Berlin; S104–105 akg-images/euroluftbild.de/bsf swissphoto; S106 Peter Palm, Berlin.

Leider ist es uns nicht immer möglich, den Rechtsinhaber ausfindig zu machen. Berechtigte Ansprüche werden selbstverständlich im Rahmen der üblichen Vereinbarungen abgegolten.

Rätselhafte Nordmänner

Post, Barbara / Lipsky, Stefan
Faszination Wikinger
Ein Reiseführer
2017. 184 S. mit 167 farb. Abb. und 1 Karte
sowie touristischen Infos, Klappenbroschur.
€ 22,–
ISBN 978-3-8062-3466-4

Das Leben eines Wikingers war bestimmt von seinen Reisen, dem Handel, den Schiffen und den Raubzügen. Das alles macht bis heute ihre Faszination aus. Nehmen Sie sich Haithabu als Ausgangspunkt und gehen Sie selbst auf Wikingerfahrt. Dieser Reiseführer zeigt Ihnen 200 versteckte Plätze, wo das Erbe der rätselhaften Nordmänner bis heute erlebbar ist.

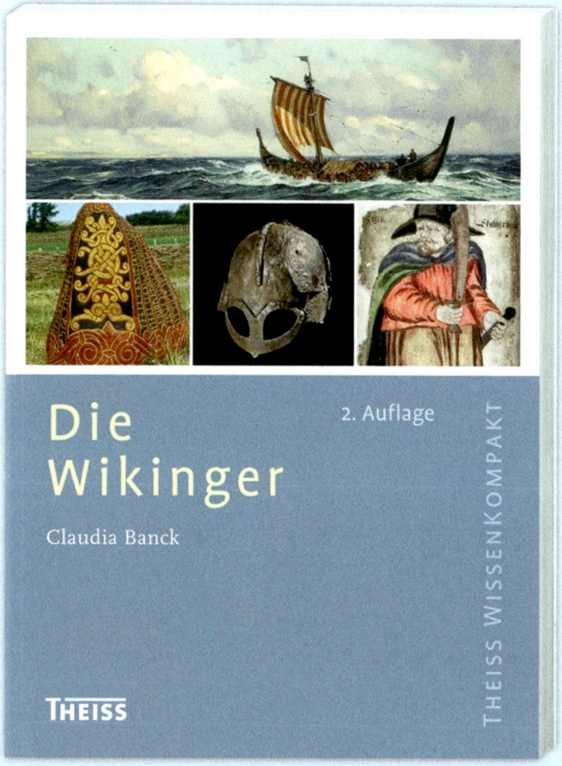

Banck, Claudia
Die Wikinger
2., durchgesehene Auflage 2015. 176 S. mit 106 Abb.,
Klappenbroschur.
€ 19,95
ISBN 978-3-8062-3222-6

»Die Wikinger« beleuchtet Mythos und Geschichte der Nordmänner, die im frühen Mittelalter von Skandinavien aus als Piraten, Händler oder Siedler aufbrachen. Die Autorin schildert dabei nicht nur die Raub- und Eroberungszüge der Wikinger sondern auch deren Alltag, Religion, Gesellschaft, Familie, Dichtung und Kunst.

Bestellen Sie hier:

Internet: www.theiss.de, E-Mail: service@theiss.de
Telefon: 0 61 51 / 33 08-330, Fax: 0 61 51 / 33 08-277

THEISS